JN149062

かごんま お天気百話

気象予報士
亀田晃一
Koichi Kameda

梓書院

「かごんま　お天気百話」発刊に寄せて

森田正光

亀田晃一さんは、南日本放送の報道カメラマンです。そして気象予報士でもあります。私と亀田さんが出会ったのは、いまから10年ほど前でしょうか。中部日本放送（ＣＢＣ）の「えなりかずき！　そらナビ」という番組でした。この番組はＪＮＮ各局の名物アナウンサーや予報士も出演されていましたが、九州・鹿児島の代表が亀田晃一さんでした。

亀田さんを御存じの方は、皆さんそう思うと思いますが、とにかく人柄が良くて穏やかで、画面に出てきた瞬間にその空間が明るくなるのです。あまりの「なごみ系キャラ」なので、台風や大雨などを伝えるのは不向きかと思いきや逆に普段との落差から、より緊迫感のある報道になるという不思議な魅力を持った方です。その亀田さんが毎日新聞鹿児島版に長年書き綴ってきたコラムの集大成が、この本です。

鹿児島という土地は、一説には「欠け島」という言葉が変化して地名になったとも言われています。つまり大雨などで土地が崩れやすく、自然災害が昔から多かった土地でした。実際、鹿児島の年間降水量は２３００ミリほどあり、全国でも有数の雨の多い場所です。また、平成5年8月には「鹿児島豪雨」と呼ばれる大水害がありました。亀田さんが気象予報士を目指したのも、この豪雨がきっかけだったそうです。

その気象災害の多い鹿児島ですが、一方で災害は、変化に富んだ自然や景観を造りだし、生物や植物などの多様性を産み出しているとも言えます。そして、報道カメラマンでもある亀田さん御自身が撮った鹿児島の美しい自然の写真も、この本の魅力でしょう。また、コラムの一つ一つの内容も、身近なものから環境問題まで、さまざまな話題が読みやすい文章でまとめられています。

たとえば「秋こそ髪のケアを」の項目では、御自身行きつけの理髪店のささいな会話から、髪の抜ける季節や紫外線の話にまで展開し、人とのつながりまで想像できて心が温まりました。

ところで気象予報士は、１９９３年の気象業務法改正によって創設された国家資格です。１９９４年に第一回の気象予報士試験が行われて以来、毎年４００人前後の合格者が出て、現在（２０１８年）は全国におよそ1万人の予報士が登録されています。しかし1万人といっても、そのほとんどは首都圏に集中しており、鹿児島県在住の予報士は、わずか80人ほどです。その少ない予報士の中で、さらにテレビ局の報道カメラマンという立場の方は、全国でも亀田さんをおいて他にいないでしょう。

むかし、「天気予報は当たったとしても天気そのものを変えられないから無力だ」と視聴者の方に言われたことがありました。その時は、そうかもしれないと思いましたが、現在の私は「そんなことはない」と断言できます。もちろん、天気そのものは変えられませんが、事前に天気が分かれば、行動を変えることができます。台風が来ることが分かっていれば、来る前に避難して自分の命を守る事ができるのです。

気象予報士という仕事は、いかに事前に人々へ気象災害の危険性を知ってもらうかが大きな役目だと思います。そしてそのためには、普段から出来るだけ多くの人に気象の事を知ってもらう必要があります。

亀田さんのこの本は、間違いなくそんな気象を知りたい人への手引きとなるでしょう。

はじめに

鹿児島県は南北６００キロにも及ぶ。多様性の豊かな自然は私たちの宝物で、カメラを向けると多彩な姿を見せてくれる。ミヤマキリシマが咲き乱れる霧島の山々に、錦江湾（きんこうわん）に浮かび噴煙を上げる桜島。太古の島・屋久島に、ロケットが打ち上がる種子島。青い海がどこまでも広がって独特の風土と文化を誇る奄美。どこも私たちが自慢できる無二のふるさとだ。

ただ、自然が豊かであるが故に引き起こされるのが自然災害だ。

私たちはどうしてもこの自然災害と共存していかなければならない。それが鹿児島で暮らす掟（おきて）であり、自然の営みと向き合いながら「生かせていただく」という謙虚さが、地域防災の基底であると私は思う。

８・６豪雨。１９９３年８月６日に鹿児島市付近を襲った豪雨で、地元で「はちろく」と言えばこの豪雨災害を意味する。最大時間雨量99・５ミリ、１日で２５９ミリの雨が降って、死者行方不明者49人の大惨事となった。

私は当時報道カメラマンで、水没寸前の放送局のベランダから、惨状を全国に伝える生中継をしていた。水かさが増し、局から取材に出ることさえできなかったからだ。

至るところで土砂崩れが発生して生き埋めが相次ぎ、目を疑った。人知を結集して抗（あらが）っても自然には勝てないことを改めて思い知らされた。

この災害が、私が気象予報士を目指すきっかけとなった。自然災害ゼロは不可能だが、減災はできるはずだ。地域メディアの人間として地元のことを熟知し、地域に寄り添い気象情報を伝えることができたら、一人でも多くの県民の命を救えるのではないかと。

本書は、私が報道カメラマン・気象予報士としての目線から捉え続けた、「鹿児島の四季折々の表情」と、その自然と共生するための「地域防災のヒント探し」に微力ながらお役に立てればと、出版させていただいた。

読んでいただいた方の災害への向き合い方が少しでも変わり、自然災害に強い地域づくりの一助につながれば本望である。

気象予報士　亀田晃一

※このコラムは、毎日新聞鹿児島版に「亀ちゃんのお天気百話」として2013年から連載しているものを再編集したものである。本書内の年齢やデータは、新聞掲載時点のものであることをご了承いただきたい。

目次

第2章　お天気よもやま話

第3章　気象は語る　平和、人、暮らし

第4章　地域防災の現場から

第1章

かごんま四季こもごも

満開のソメイヨシノが幻に？

―温暖化とサクラの開花―

今春のサクラの咲きっぷりは、ここ数年になく見事。と思ったのは私だけではないだろう。

冬季の寒さで花芽が休眠から覚める「休眠打破（きゅうみんだは）」がうまくいったのか、例年より開花と満開が著しく早かった。九州南部は開花後の天候にも恵まれ、咲き乱れるサクラの花を愛（め）でながら、花見を楽しまれた方も多かったことだろう。

鹿児島市吉野町にある県立吉野公園でも、例年より1週間ほど早く満開になった。雄大な桜島を望みながら花見を楽しめる絶好のロケーションとあって、連日多くの家族連れが訪れていた。桜島とサクラの風景は、まさに「インスタ映え」するワンショットだ。

花見好きの私にとって気になることがある。それは九州大学の伊藤久徳名誉教授が２００８年に発表した、温暖化が進めば九州の一部ではソメイヨシノが満開にならなかったり、咲かない地域が出てくるという研究報告だ。温暖化で冬に花芽が一定の寒さにさらされないと休眠打破がうまくいかず、開花直前に花芽が十分成長できない。30年、50年先には、満開のサクラを眺めながらの花見ができなくなるかもしれないというわけだ。

2018年4月7日

鹿児島市

〈曇り時々晴れ〉
最高 14.1℃
最低 8.6℃

満開を迎えた鹿児島県立吉野公園のソメイヨシノ

私も以前種子島で、ソメイヨシノの標本木が開花はしたものの満開にならず、花が散ってしまったことについて取材をしたことがある。

鹿児島県出水(いずみ)市出身の私は、中学を卒業して熊本電波高専（現在の熊本高専熊本キャンパス）に進学した。初めての寮生活で不安だった私を学校の正門で迎えてくれたのは、満開のソメイヨシノだったことを今でも覚えている。一斉に咲いて一斉に散る姿に、生命の息吹やはかなさを感じるサクラは、日本人の美意識にマッチした最も愛される花ではなかろうか。

今そのサクラが危機に瀕している。孫やひ孫に「昔はソメイヨシノが満開になって、皆で花見を楽しんでいたよ」とは語りたくない。

ツクシの力強さと春の香り

3月上旬の寒の戻りを過ぎると、せせらぎの水がぬるみ、春陽もまぶしさを増す。自然は様々な形で春の訪れを告げるが、私は土の香りからそれを感じる。言葉で説明するのは難しく、決して華やかな香りではない。レンゲ畑で転んだ時にかぐ土の香りに似ている、と言えば伝わるだろうか。

なぜ春は独特な香りがするのか。仮説だが、冬の間に土の中に閉じ込められていた多様な匂いのもとが、気温の上昇とともに空気中に放出されるのでは、と私は考えている。

先日、垂水市に出掛けた際、桜島を見下ろす風光明媚（ふうこうめいび）な丘で、ツクシの群生を見つけた。春の香りに包まれたその場所は、ツクシを踏まないように歩くのが難しいぐらい、びっしりと生えていた。寒さが緩んで土から頭を出し、春の空に向かって競うように伸びるツクシたち。その力強さと誇らしさに魅せられて、夢中でシャッターを切った。

ツクシはスギナの胞子茎で、地下ではスギナとつながっている。突き上げるように伸びる成長ぶりから「突く子」が呼び名の由来になった、との説もある。雨が降った翌日には、1日で5センチ

2015年3月26日

垂水市

〈晴れ〉
最高 18.6℃
最低 1.7℃

垂水市で見つけたツクシの群生

も伸びるそうだ。

私が子供の頃はとっておきの場所があり、日が暮れるまで仲間とツクシ摘みを楽しんだ。春の食材として一握り持ち帰ると、母が喜んでくれたことを思い出す。母はツクシのあくを抜いて、卵とじやおひたしにし、旬の味わいを楽しませてくれた。ピリッとしたほろ苦さも子供ながらに美味しさを感じていた。

ツクシの花言葉は「向上心」。常に上向きに伸びるツクシの姿勢を見習わなければ。そんなことを考えながら腹ばいでシャッターを切っていると、また春の香りが風と共に吹き抜けていった。

噴火に負けず復活
―霧島連山のミヤマキリシマ―

「ようやく出会えた」

満開に咲き誇るミヤマキリシマを一望して、そうつぶやいた。

2011年の新燃岳（しんもえだけ）の噴火で、当時は壊滅的といわれた高千穂河原付近のミヤマキリシマが噴火前の咲き具合に戻ったと聞いたので、カメラを片手に出かけてみた。

向かったのは、高千穂河原から歩いて20分ほどのミヤマキリシマの群生地、鹿ケ原（しかがはら）。ここは噴火の際、60センチほどの火山礫（かざんれき）が積もったそうで、ミヤマキリシマの多くが枯れたり傷んだりした。立ち入りも規制され、植生がどうなっているのか心配された。

元来、火山の環境に適応してきたミヤマキリシマだけに、火山灰に覆われても生き延び、ここ数年で復活した。おしとやかに咲く美しいピンクの花を愛でていると、そんな苦難があったとは到底うかがい知れない。

噴火の災難から復活したミヤマキリシマを一目見ようと、群生地には朝から大勢の登山客が訪れ、カッコウをはじめ多くの野鳥が大合唱する中、ピンクの絨毯（じゅうたん）を縫うように散策を楽しんでいた。

2017年6月3日

霧島市

〈晴れ〉
最高 24.3℃
最低 11.3℃

霧島連山のミヤマキリシマ

宮崎県から訪れた60代の女性は、「ここ2、3年、毎年来ているけど、徐々に花芽も増えている気がする。噴火に負けず咲く花に力強さを感じる」と、爽快な表情で話す。目の前にそびえる御鉢（おはち）と高千穂峰（たかちほのみね）の山頂付近に目を凝らすと、この後に満開を迎えるミヤマキリシマが山肌を埋め尽くしている。霧島山全体がほのかに赤く染まると、深刻だった噴火の被害から、山全体が彩りと麗しさを取り戻した感じがする。

追記　霧島連山は２０１８年６月１日現在、新燃岳や硫黄山の噴火の影響で多くの登山道への立ち入りが規制されている。火山活動は自然の営みであり、火山と共存していくためには仕方のないことかもしれない。

　しかし一日でも早く終息し、再び霧島登山を楽しめることを切に願いたい。

黒酢が教えてくれたこと

2014年4月26日

霧島市

〈晴れ〉
最高 26.5℃
最低 13.3℃

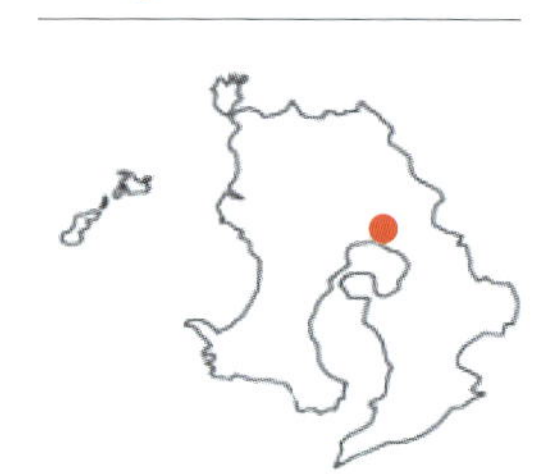

ニュースのカメラマンをしていた頃、毎年春になると撮影に出かけた場所がある。霧島市の福山町。黒酢の仕込み風景の取材だった。

　錦江湾と桜島を望む敷地内には、数えきれないほどの壺が整然と並ぶ。黒酢職人たちはここを「壺畑」と呼んでいる。工場ではなく、農作物と同じように野天で醸造するからだ。黒酢の原料は、「蒸した米」「米麹」「地下水」の三つだけ。あとは平均気温が19度という温暖な気候と、２００年前から使用されている壺に宿る微生物が、まろやかな黒酢を醸し出していく。

　広い壺畑では、原料を入れて仕込みをする職人もいれば、一つ一つ壺のふたを開けて目と耳で発酵具合を確認する職人もいる。何がどう聞こえるのか興味がわき、私もカメラを止めて壺に耳を近づけてみた。すると、何という神秘的な音だろう。プチプチという音にボコボコという音が重なって、音楽で言えば何重奏か分からないが、確かに黒酢が生きていることを実感した。発酵する音と自分が覚えた感動を何とかテレビで伝えたいと思い、必死にカメラを向けた記憶がある。

　出来立ての黒酢は鼻を突くような酸っぱさがあ

黒酢の仕込み作業

る。しかし3年、5年と熟成させると、酸っぱさの中にもコクが増し、まろやかさと独特な風味が生まれてくる。

職人さんに「黒酢づくりで最も苦労することは?」と尋ねた。すると「昔に比べて寒暖のぶれ幅が極端に大きくなっている。その中で黒酢づくりを守っていくこと」と答えてくれた。

機械を使わない黒酢づくりは、人の知恵と自然からの恩恵が全てだ。自然を無条件に受け入れる謙虚な敬愛心なしでは、黒酢の200年の伝統はあり得なかっただろう。料理好きの私は、黒酢を隠し味に使ったり、毎朝牛乳に入れて飲んでいるが、黒酢職人の苦労や醸造過程の神秘さも一緒に味わっている。

甑島のキビナゴがいっぱん

2014年7月10日

こしき　しま
甑　島

〈雨〉
最高 26.1℃
最低 23.5℃

銀色の輝きから「海の宝石」とも呼ばれるキビナゴ。薩摩料理には欠かせない食材だ。刺し身に塩焼き、天ぷらに南蛮漬け、煮付けに一夜干し…。鹿児島にもさまざまな海の幸があるが、これほど調理方法に富んだ魚はおそらくないだろう。

旬は5月ごろだ。産卵のために丸々と太り脂ものる。料理好きの私もキビナゴを扱うときは腕が鳴る。これが焼酎の肴に「なんちゅあならん（何とも言えないほど美味しい）」のだ。

私のお勧めは酢みそでいただく刺し身。キビナゴのほのかな甘みがぐっと引き立つ。

薩摩川内市（さつませんだいし）・甑島（こしきしま）近海は古くからキビナゴ漁が盛んで、昔はキビナゴ御殿が建つほどだった。一晩で1隻当たり1トン以上も獲れたという。

しかし、今はキビナゴの漁獲高が半分ほどに減少している。

甑島でキビナゴ漁を続けて30年になるベテラン漁師、浜田史朗さん（55）はその要因に、海水温の上昇を挙げる。キビナゴは春、海水温が上がると産卵の準備のために脂を蓄え甑島近海にやってくる。しかし、海水温が上がり過ぎると、適度な海水温を求めて北上してしまうのだ。

焼酎にぴったりのキビナゴの刺し身

浜田さんによると、30年前は甑島近海が最もよい漁場だったが、現在は熊本県・天草周辺海域に北上しているという。

海水温の上昇による〝漁獲地図〟の変化は、鮮度が命の漁業者にとっては死活問題だ。漁場が遠くなると燃料コストや港への水揚げまでの時間がかかり、鮮度の低下が懸念される。

浜田さんは鮮度抜群のキビナゴを食卓に届けるため、午前1時ごろ出港し、甑島近海で網を入れる。「漁獲量も減り辛いときもあるが、網を揚げるときの青白く光るキビナゴを見ると心が躍る」と、浜田さん。

「甑島のキビナゴがいっばんを（一番よ）！」

美容と健康に「海の厄介者」

―南大隅町のキギダカ―

ドライブで南大隅町に出かけた際、佐多岬近くの大泊（おおどまり）港に足を延ばした。キダカの天日干しの風景を撮影するためだ。キダカとはウツボのことで、地元では古くからこう呼ぶ。

冬の風物詩なので見られるか不安だったが、漁師に聞いてみると「今年はまだ寒かでやっちょっど（寒いからやっているよ）」とのこと。心を躍らせながら港の干し場を訪ねた。青い網で覆われた干し場には、背開きにしたキダカがずらりと並び、寒の戻りの冷たい浜風を浴びていた。

キダカはここで3日ほど天日干しされる。干し場には潮の香りが漂っていた。見た目にはグロテスクだが、ゼラチン質が豊富で美味。地元ではたんぱく源として重宝されてきた。現在では美容食、スタミナ食として全国から引き合いがある。

私は以前、干したキダカを細切りにして油で揚げたものを物産展で試食したことがある。塩味の効いた深い味わいの珍味に一目ぼれした。

キダカはどう猛な性格で、鋭い歯で漁網をかみ切るなど、漁師にとっては厄介者だ。漁では長い筒状の籠（かご）を海底に沈め、3時間後に引き上げる。機械化されているが、寒い時期に北西から吹いて

2015年3月31日

南大隅町

〈晴れ〉
最高 13.5℃
最低 1.5℃

浜風と天日に干されるキダカ

くる季節風の強い時期には大変な作業だ。地元で海産物を扱っている浜尻博幸さん（45）によると、漁師が高齢化して、キダカの水揚げもピーク時の半分以下に減ってきているという。「南大隅の味を楽しみにしている消費者のためにも、こい（キダカの天日干し）をやめるわけにはいかん」と浜尻さんは話す。

南大隅町の高齢化率は45％と、鹿児島県内で最も高い。集落を歩くと若者の姿は見えず、出会うのは高齢の方ばかり。

だが、海の厄介者をかけがえのない地域の特産品に育て上げたのも、脈々と受け継いできた先人の知恵があったからこそ。帰宅後、そんなことに思いをはせながら、家族で感謝しながらいただいた。

「茶いっぺ」の心

2015年5月14日

南九州市

〈曇り時々晴れ〉
最高 26.3℃
最低 14.1℃

「まー、茶いっぺ」

鹿児島ではあいさつ代わりによく使われる言葉だ。「どんなに忙しくてもお茶ぐらい一杯飲み、余裕を持って事に当たらないとけがをするよ」と、相手を思いやる優しさが込められている。

特に田舎で取材を終えて帰ろうとすると、おばちゃんからよく引き留められた。

鹿児島の荒茶生産量は静岡に次いで全国2位。温暖な気候のおかげで、4月上旬からお目見えする新茶は日本一早い。八十八夜（5月2日ごろ）が近づくと、茶畑には一面新芽の絨毯（じゅうたん）が広がり、初夏の陽光がまばゆい。

寒い冬と遅霜に耐え抜いた茶の新芽は、香りとうまみをたっぷりと蓄えている。新茶の季節には農家の方々の尽力に感謝しながら珠玉の一杯を頂く。

お茶好きの人を「茶喰れ（ちゃくれ）」と鹿児島では言うが、私もその一人だ。妻が日本茶インストラクターでお茶にちょいとうるさいせいか、自宅や会社でも急須でお茶をいれて飲んでいる。ペットボトルのお茶も手軽で便利だが、お茶の豊かな香りとまろやかさは急須でいれたものにはかなわない。

忙しい仕事の打ち合わせでも、自ら努めてお茶

新茶の収穫が近づいた茶畑（南九州市知覧町）

をいれるようにしている。お茶を急須で抽出し、相手に注ぐわずかな時間が場を和ませ、充実した打ち合わせになることが多い。妻が言うには、茶の香りや旨み成分である「テアニン」には、興奮した気持ちを抑えるリラックス効果があるそうだ。

電子メールによる情報のやり取りは、効率的で確かに速い。しかし、顔を見て話す方が、顔色や口調などから多くの情報や伝えたいことが分かる。

効率重視は利潤追求の企業にとっては当然のことだ。ただ時間は少々費やすかもしれないが、対面的なビジネスの方が大きな成果を生み出すことも多い。

多忙な時こそ「茶いっぺ」。一杯のお茶が、せわしい企業人に寛容性と心のゆとりをもたらしてくれるかも。

天国の夫に思い込めて
ー1万株のシバザクラー

2018年4月21日

出水市

〈晴れ〉
最高 23.8℃
最低 11.8℃

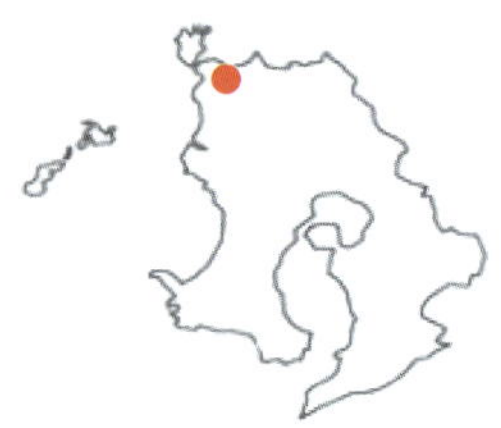

一面に広がる濃いピンク色の絨毯(じゅうたん)。出水市高尾野町のシバザクラ畑だ。私の実家の近くでもあり、帰省した際に車で出かけてみた。地図を頼りに農道を走ると、突然目の前にその光景は広がった。まばゆいくらいの色合いに心を奪われそうになる。

花に見とれながら畑の周囲を歩いていると、くわを持ったお年寄りの女性とすれ違い、声をかけた。「この畑は近所の方の所有でしょうか」と聞くと、「うちの」と、間髪入れず笑顔の答え。畑の持ち主、根比(ねごろ)キヌエさん(78)だった。

キヌエさんは、2010年に夫の次雄さんに先立たれた。次雄さんが花を愛でるのが大変好きだったため、一人でシバザクラを植え始めた。キヌエさんによると、シバザクラは一面に広がるので、次雄さんが天国からよく見えるようにと、自宅横の畑に8年かけて育て上げたという。

シバザクラの面積も次第に広がり、今では50アール、花の株数も1万株となった。最近では訪れる人も増え、家族連れや写真愛好家らが春爛漫を楽しんでいる。キヌエさんは畑の隅からその風景を優しく見守る。「皆さんに花を楽しんでもらえるのが一番幸せ。もしかしたらお父さん(次雄さ

キヌエさんが育てた１万株のシバザクラ

ん）が花になって私を喜ばせてくれているのかも」と目を細める。

阿久根市から訪れた60代の女性は、「ここに来ると心が洗われる。なんて素敵、ずっと見ていたい」と、キヌエさんの労をねぎらう。

シバザクラは寒さには強いが、水の管理と草取りが大変だという。キヌエさんは土の表面が乾いたら水を与え、毎日の草取りも欠かさない。私と話しながらも、くわで小まめに草取りを続ける。

シバザクラの花言葉の一つが「燃える恋」。燃えるような鮮やかさを放つシバザクラを丹念に世話するキヌエさんの後ろ姿は、亡き夫へのこがれる思いにあふれていた。

ザトウクジラの問いかけ

2017年3月2日

徳之島(とくのしま)

〈晴れ一時曇り〉
最高 17.0℃
最低 11.4℃

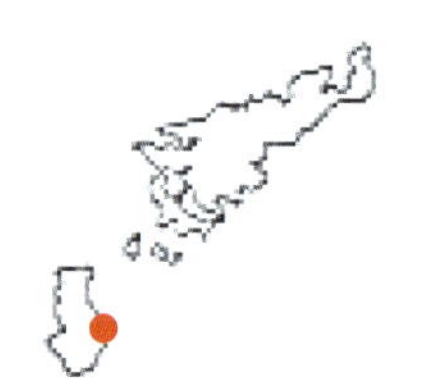

徳之島で写真スタジオを営む知人の加川徹さん(58)から、雄大なザトウクジラの写真が届いた。加川さんは冬から春先にかけ、撮影も兼ねてホエールウォッチングに出かけているが、今シーズンは、お目当てとしているザトウクジラとの遭遇率が10割だという。「30トンもあるザトウクジラが目の前でブリーチング(水面ジャンプ)するのよ。亀徳港(かめとくこう)からわずか5分の海で」と興奮気味に話してくれる。

夏は捕食のために北極付近で過ごすザトウクジラは、冬になると沖縄や小笠原あたりの暖かい海域で出産・子育てをする。しかしここ数年、温暖化の影響で奄美海域の海水温が高いのと、島陰となる太平洋側の海は強い季節風を避けられるなどの理由から、奄美海域でも多くのザトウクジラが見られるようになったという。

かつては沖縄近海で捕鯨が盛んに行われ、ザトウクジラの生息数が激減したが、1966年に商業捕鯨が禁止され、個体数も回復してきた。

昨シーズンは約千人の〝ホエールウォッチャー〟が奄美を訪れている。ホテルやツアー業者にとっては、冬季の奄美観光の目玉だ。地域おこしの起

ブリーチングするザトウクジラ（徳之島沖で加川徹さん撮影）

爆剤にもなりつつある。

奄美海域のクジラやイルカの生態調査に取り組んでいる、奄美クジラ・イルカ協会の興克樹さん（46）は、「クジラの個体数が徐々に増えてきたことは、奄美の環境や地域にとって望ましいこと。人とクジラの共存関係をさらに発展させていきたい」と、今後を見据える。

北極から赤道付近までを回遊するザトウクジラ。ローカルの奄美海域のクジラを通して、グローバルな地球環境を考えるきっかけにしたい。

美人の代名詞ミツバチの生態

2016年4月10日

指宿市（いぶすき）

〈曇り一時雨〉
最高 19.2℃
最低 14.5℃

万葉集に「スガル乙女」という言葉が出てくる。「スガル」はハチの古語。スガル乙女とは、ハチのように腰がくびれた、グラマーで美しい女性のことを言うのだろう。

春は菜の花畑などでミツバチの姿をよく見かける。幼少の頃、いたずらにミツバチを追いかけ、その「美人の代名詞」に一撃刺されて涙したこともあった。

ミツバチの賢さと生態は魅力的だ。よく知られているのがミツバチの「8の字ダンス」。仲間に花畑や水のありかを知らせるために、数字の8の字を描くように飛び、方向や距離を伝えるのだ。小学生の頃にこの習性について学び、想像を超越したミツバチの能力に驚きを覚えた。

ミツバチは高い社会性を持った集団行動をする昆虫だ。ミツバチの巣の中は、1日に1500個以上も産卵する女王蜂を守るために、常に35度ぐらいに保たれている。元来、1匹では体温調節ができないミツバチ。灼熱の夏場は、巣の入り口で集団となって羽ばたき、扇風機の役割をして巣を冷やす。また冬場は1カ所に寄り添うように集まり、羽をこすり合わせることによって温度を上昇

菜の花の蜜を集めるミツバチ

させ、巣を保温すると言われる。
何よりも感謝したいのは、ミツバチの受粉活動だ。ハチなどの昆虫が飛び交うことによる受粉活動が農産物の生産にもたらす経済的利益は、世界全体で66兆円に上るという。
そんなミツバチの寿命はわずか40日。一生かけて集める蜜の量はスプーン1杯分の10グラムに過ぎない。
集団的な社会性を重んじ、自分の果たすべき役目をけなげにこなしながら地道に蜜集めをするミツバチ。振り返って自分はどうか。スプーン1杯の蜂蜜に込められたミツバチの深い生態。「人生、そう甘くない」とハチに教えられた。

太陽が醸す伝統の逸品

2016年5月11日

指宿市

〈晴れ時々曇り〉
最高 24.2℃・最低 14.5℃

和食の料理人は、ダシを取ることを「ダシを引く」と言う。うまみを素材から引き出すことを意味するのだろう。

その和食のダシに欠かせないのが鰹節。鹿児島県の生産量は、指宿市山川と枕崎で全国生産量の7割を占め、日本一を誇る。

先日、南薩(なんさつ)をドライブした際に立ち寄った山川港では、鰹節が初夏の日差しを浴びて天日干しにされていた。所狭しと一面に並んだ光景は産地ならではだ。

鰹節は新鮮な鰹を煮て燻(いぶ)し、乾燥させたもの。さらにカビ付けと天日干しを何度も繰り返し、半年以上かけたものは「本枯節(ほんかれぶし)」と呼ばれ、最高級品として珍重される。

本枯節はカビの作用によって、たんぱく質がうまみ成分のイノシン酸に変化する。さらに天日にさらすことで余分な水分が抜け、風味が凝縮される。微生物と太陽の光が共演し、珠玉の逸品を生み出すのだ。

指宿市山川で本枯節製造一筋の坂井良深さん(74)は、「いくらカビ付きがよくても、干しが不十分だと深い味わいが生まれない」と天日干しの

天日干しでうまみが凝縮される本枯節

大切さを説く。太陽の光が本枯節の品質を左右することを誰よりも熟知しているからだ。

西日本は先月、前線の影響で雨の日が多く、南薩地方の日照時間は平年の7割しかなかった。

「すべてが手作業だし、雨に少しでも濡れたら台無しだから」と、妥協を許さない坂井さんは、空模様と作業工程を見極めながら、少ない晴れ間を縫っての天日干しに追われる。

職人魂が込められた本枯節は固く締まっていて、叩くと「カーン、カーン」という甲高い音がする。まさに料理人の舌をうならせる伝統の味を裏付ける音だ。同時に太陽の恩恵にあずかった証しの音でもある。

風土がつくる天気予報

2015年7月19日

瀬戸内町

〈曇り時々晴れ〉
最高 30.7℃
最低 27.8℃

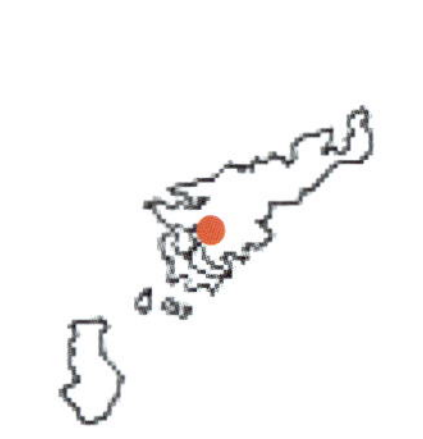

鹿児島には天気にまつわる言い伝えが多い。「デイゴの花が満開に咲くと台風が多い」「こっかぜ（東風）が吹けば雨」「アリがたくさん土から出てきたら雨が近い」「蜂が低いところに巣を作ったら台風が来る」などだ。台風や大雨と密接に関わって生活してきた証しだろう。

　このような言い伝えは「天気俚諺（てんきりげん）」とか「観天望気（かんてんぼうき）」と言われている。

　現在の天気予報がなかった時代には、風向きや雲、植物、動物の様子を観察しながら天気を予想して生活に役立てていた。

　デイゴの花は奄美大島付近が北限で、見ごろは5月から6月。瀬戸内町にはデイゴの並木や「デイゴ橋」という橋もあるくらい地元住民にもなじみ深い。瀬戸内町で観光ガイドをしている寺本薫子さんによると、今年のデイゴの咲き具合は花数も多く華やかだったという。「満開に咲くと台風が多い」との言い伝え通り、確かに今年は平年より台風の発生するペースが早い。7月は同時に三つの台風が北上するなど、例年になく台風への警戒が強まっている。

　もちろん、デイゴの花と台風の発生数との関係

満開に咲くデイゴの花（瀬戸内町で寺本薫子さん撮影）

に科学的根拠はない。しかし、経験知が蓄積された天気の言い伝えは古くから伝承され、今でも住民生活に深く根付いている。自然に対して謙虚に向かい合う奄美の風土がそうさせたのであろう。自然界のわずかな環境変化に敏感になることが、災害から身を守るために大切。奄美の方々が長年培ってきた、生きるための知恵に違いない。

気象庁によると、今年は冬にかけて、南米ペルー沖の海水温が上昇するエルニーニョ現象が続くという。エルニーニョの発現時期は、夏は台風の中心気圧が低く、秋は台風の寿命が長くなる傾向にある。本格的な台風シーズンが始まる。科学的な天気予報に加え、風土がつくり上げた予報も心に留めておきたい。

梅雨の予報なぜ外れやすい？

「いっちょん（全然）天気が当たらん」

梅雨時期は特にこう思う人が多いだろう。気象予報士にとっても、この時期は予報士泣かせのシーズンだ。

1秒間に800兆回以上も計算できる気象庁のスーパーコンピューター。それを駆使しても、年間平均で天気予報の適中率は83％。つまり17％は外れる。しかし、梅雨時期になると予報はさらに外れやすくなるといわれる。

気象庁の予報は、距離間隔が1000キロ単位で西からやってくる高気圧や低気圧の天気変化の予報はとても得意だ。規模が大きく周期的な動きは予測しやすいからだ。雨が降り始める時刻までピタリと当たることもあり、「さすが日本の気象庁！」と感嘆したくなる。

一方、梅雨前線は、南の太平洋高気圧と北のオホーツク海高気圧の境目にできる東西に長い雲の帯だ。南北の二つの高気圧が〝押し相撲〟をして、300キロほどの帯状の雲が北へ南へと小刻みに動くため予報が難しくなる。気象庁の週間予報で、梅雨時期に「信頼度C」が増えるのはこのためだろう。

2016年6月7日

鹿児島市

〈曇りのち晴れ〉
最高 30.5℃・最低 21.5℃

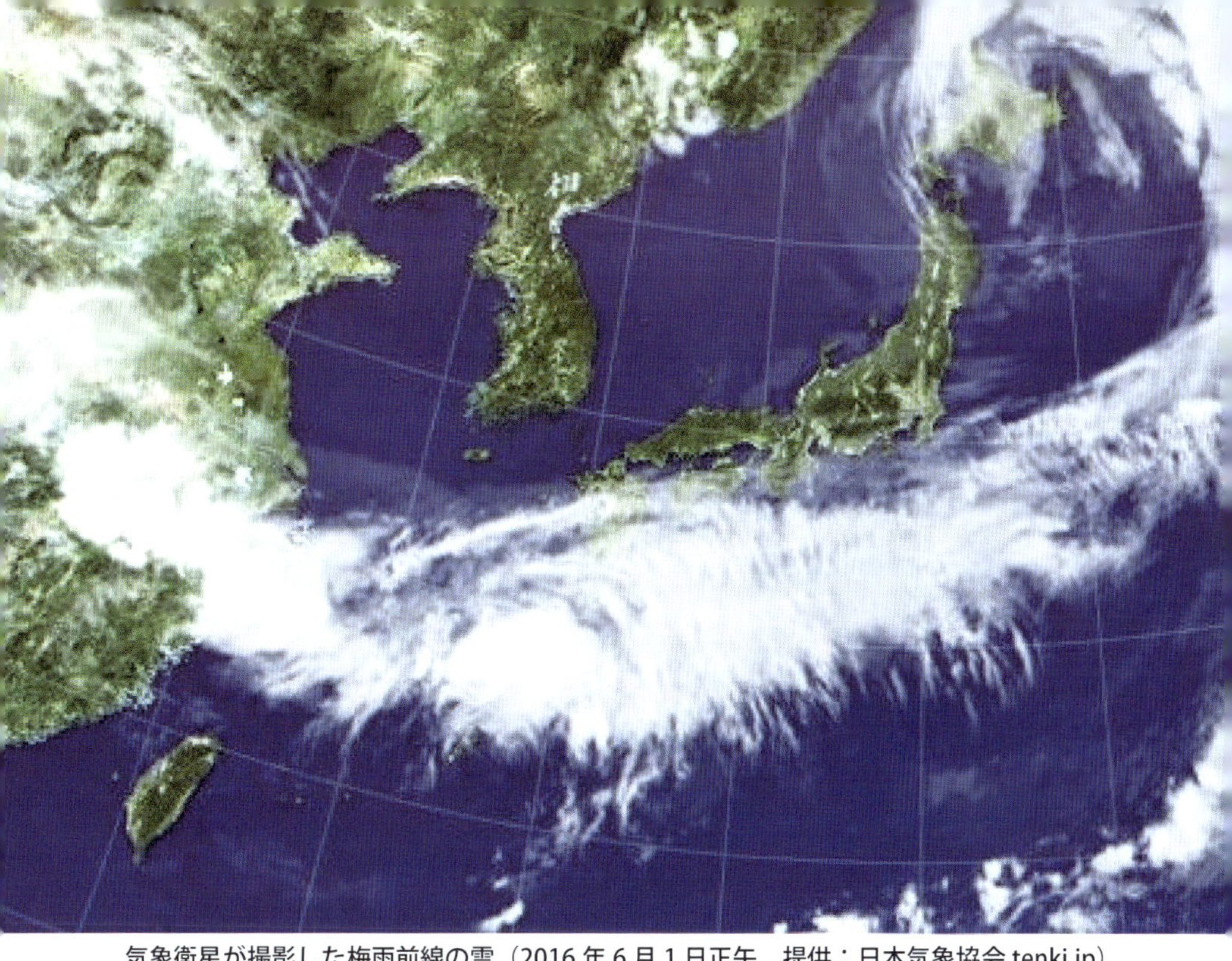

気象衛星が撮影した梅雨前線の雲（2016 年 6 月 1 日正午　提供：日本気象協会 tenki.jp）

梅雨前線付近では、集中豪雨に警戒が必要だ。前線の南から流れ込む非常に湿った空気が予想に反して上空に集中して流れ込み、局地的な豪雨をもたらすことがある。このような現象は極めて短時間に発生し、大雨の元となる水蒸気の予測がいまだ十分ではないために、現在の解析技術では正確な集中豪雨の予測は不可能だ。

九州南部は今月４日に梅雨入りした。思い出していただきたい。２０１５年の梅雨は垂水市二川で土石流災害。２０１４年は台風８号が阿久根市付近に上陸し、多数の停電被害があった。鹿児島では豪雨や台風災害が毎年繰り返されている。

梅雨時期の予報は難しいことを肝に銘じて雨期に臨みたい。

雨男雨女考

突然ですが、あなたは雨男？　雨女？

私の職場で音声技術を担当している馬場洋一郎さん（38）は、自他共に認める雨男だ。彼が担当する屋外のテレビやラジオの中継では、雨が降ることが多いという。

本当に彼は雨男なのか。２０１３年の１年間に彼が担当した中継の日の雨の降る確率「雨天率」をあえて調べてみたところ、28％だった。雨男にしては意外に雨の確率は少ないのでは？　と思った。ちなみに過去30年のデータをもとに鹿児島市で1ミリ以上の雨が降る確率の平年値を計算すると、鹿児島市の「雨天率」は33％だった。馬場さんの雨天率より多いのである。

つまり馬場さんが雨男なのではなく、鹿児島市でも1年の3分の1は雨が降っており、その日にたまたま馬場さんが担当する屋外中継が重なったのであろうと考えられる。積極的に中継に取り組む人で、必然的に雨に遭遇することも多くなり、雨男のイメージが出来上がったのだろう。

雨男というとネガティブに捉えられがちだが、馬場さんは、私たち中継スタッフのムードメーカーだ。明朗な性格でユーモアに富んだ話が大好

2014年6月23日

日置市（ひおき）

雨に濡れて美しく咲くホテイアオイ（日置市吹上町正円池）

き。いつも職場を盛り上げてくれる。スタッフ同士で「雨男ネタ」で雑談をしていたところ、彼のユーモア話から「この話は天気予報で使えるかも」と、ネタがひらめいたこともある。

大手気象会社ウェザーニューズの調査によると、日本人の3人に1人は自らを雨男・雨女と認識しているらしい。雨男・雨女諸氏は、梅雨期には肩身の狭い思いをしているかもしれない。

だが、この時期に咲くアジサイやホテイアオイは、雨に濡れてこそ美しい。

また、鹿児島では祝いの時に降る雨を「島津雨」と呼び、縁起の良いものとされる。フランスでは、雨の日の結婚式は幸運をもたらすと言われている。神様が2人を祝福し、雨と共に天使が舞い降りてくるそうだ。なんとロマンチックな発想だ。

ハスの花に教えられ

連日の雨がうっとうしい中、安らぎを覚える場所がある。鹿児島市にある鶴丸城跡の堀に咲くハスの群生だ。この花には雨がよく似合う。

　朝早く出掛け、雨音の中でカメラのシャッターを切ると、清らかなピンク色の花に魅了され、蒸し暑さも忘れてしまいそうだ。雨にもかかわらず、辺りには優雅なやさしい香りが漂う。

　ハスの花の寿命は4日ほど。開花するのは午前中だけで、美しい咲き具合をカメラに収めるには早朝がお勧めだ。花は開花とつぼみの状態を繰り返し、4日目には散ってしまう。短期間に咲く華麗な花をカメラに収めようと、足しげく通う写真愛好家もいるぐらいだ。

　すぐ散ってしまう花の一方で、ハスの種は長寿命だ。植物学者の大賀（おおが）一郎博士が1951年に発掘した3個のハスの種は、約2千年前の縄文時代のものとみられ、翌年そのうちの一粒が見事に開花。「大賀（おおが）ハス」の名が付き、世界で話題となった。

　興味深いハスの生態だが、泥で育とうとも天に向かって真っすぐはい上がり、毅然と花をつけるその様相に力強さを感じる。

2015年7月5日

鹿児島市

〈雨のち曇り〉
最高 23.5℃・最低 18.9℃

雨の日にみずみずしく咲くハスの花（鹿児島市鶴丸城跡）

仏教では、泥の中から生まれ清浄で美しい花を咲かせる姿が、仏の慈悲の象徴とされている。私の知人は息子に「蓮」と名付けた。困難を乗り越えて大輪の花を咲かせて欲しいという願いを込めたそうだ。

「黒い土に根を張りどぶ水を吸って、なぜきれいに咲けるのだろう。私は大勢の人の愛の中にいて、なぜみにくいことばかり考えるのだろう」（「蓮の花のうた」星野富弘詩集より）

雨に濡れ、静かに咲くハスの花に教えられた。

台風の大切な役割

2014年8月23日

鹿児島市

〈雨〉
最高 29.0℃・最低 25.6℃

日本に住む以上、台風との付き合いは避けて通れない。四国では2014年に、相次ぐ台風で2000ミリの雨が降り、大きな被害も出た。楽しみにしていた旅行や仕事がキャンセルになり、台風を恨めしく思った人も少なくないだろう。「台風なんかなくなってしまえ」と言いたいところだが、台風が持つプラスの面にも光を当てたい。

そもそも台風とは何か？　それは北西太平洋で発生した、最大風速がおよそ17メートルを超える熱帯低気圧のことだ。暖かい海水面から供給される水蒸気が、発達するためのエネルギーとなっている。上空には背の高い活発な積乱雲（巨大な入道雲）を伴い、地球の自転の影響で回転を始め北上する。

赤道付近で海水が蒸発する際、海水面から大量の熱を奪う。そして北上して雨を降らせるときには、逆に熱を放出する。つまり赤道付近の熱を緯度の高い地方に運んで、赤道付近と高緯度地方の極端な温度差を緩和している。台風は地球全体の熱循環に貢献し、生物が生息しやすいように温度調節をしているのだ。

また、台風が海水面をかき混ぜることで水温が

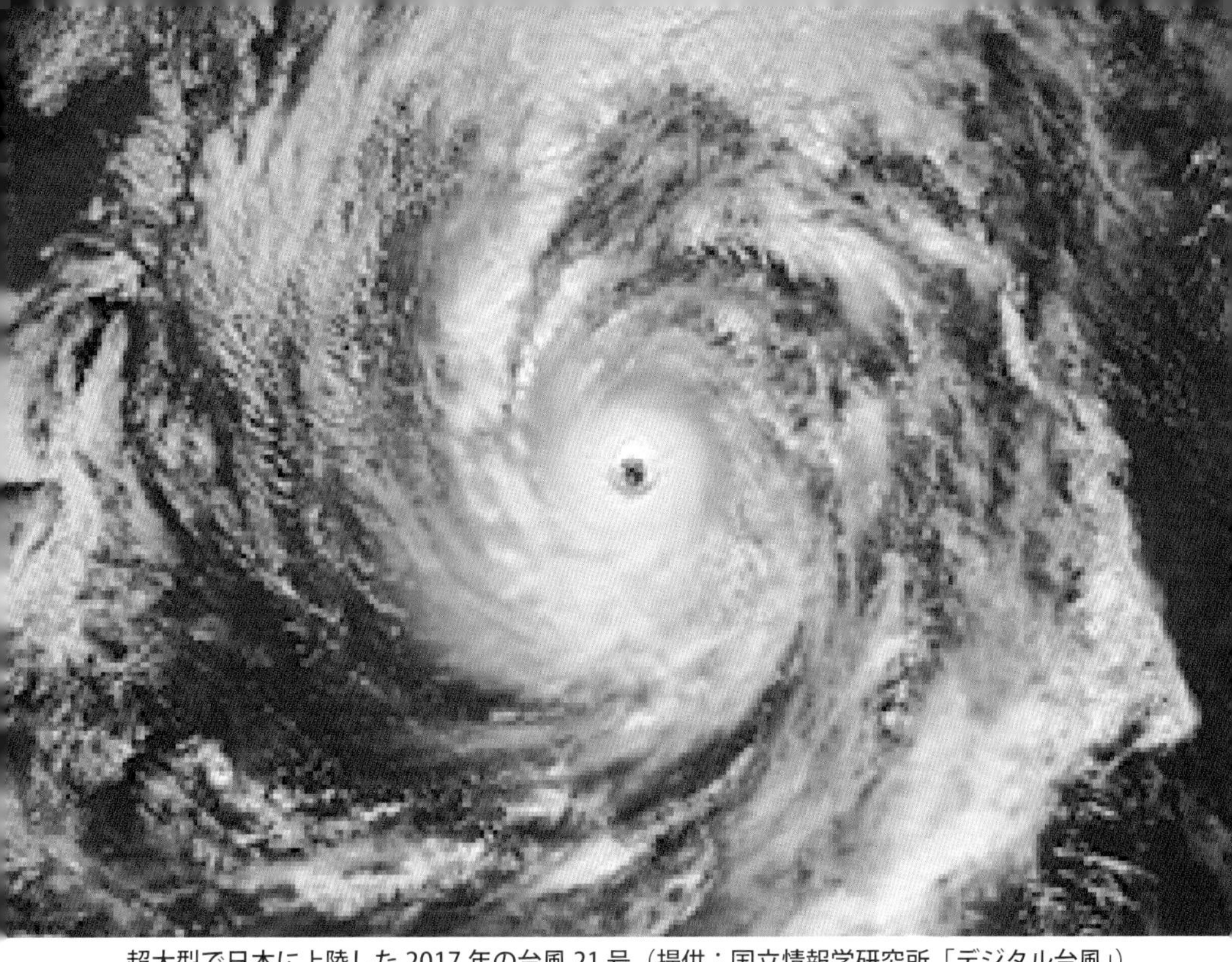

超大型で日本に上陸した2017年の台風21号（提供：国立情報学研究所「デジタル台風」）

下がり、高温に弱いサンゴとそこに住む魚たちの命、ひいては海の生態系も守られている。

さらに離島の多い鹿児島にとっては、台風は「水」の貴重な供給源でもある。土砂災害と背中合わせだが、離島では台風の少ない年は水不足になり、サトウキビやサツマイモなど基幹作物の品質や収量が低下するなどの悪影響を及ぼす。

日本は世界でも有数の「雨の多い国」だが、そこに台風が果たす役割は小さくない。中東の人からすれば、日本の水の安さと、豊富な水が織りなす自然の美しさは驚嘆に値するだろう。

台風を「迷惑な存在」と考えているのは人間だけかもしれない。台風もまた、地球全体では不可欠な自然の営みなのだ。

魔除けのホオズキ

梅雨の雨が打ちつけるビニールハウスに入ると、鮮やかな朱色が目に飛び込んできた。夏の風情を彩るホオズキだ。

霧島市横川町の愛甲信雄さん（57）の畑では、1万本のホオズキが収穫を待っていた。見事に形が整っているが、今年は収穫に至るまでに気苦労が多かった。

今年は2月から4月にかけて気温が低めで推移した。しかし、5月は気温の上下が激しく、ハウス内の温度調整に腐心したそうだ。難渋が絶えなかっただけに、上々の出来栄えのホオズキを見つめる愛甲さんの顔は充実感であふれていた。「梅雨時期のうっとうしさに一服の清涼剤やな。鮮やかな色とともに夏の風情を味わってほしい」と話す。

愛甲さんがホオズキの栽培を始めたのは19年前。市場に出かけた時、ホオズキの鮮やかさに魅了され、試行錯誤が始まった。横川町は内陸部で寒暖の差が大きい。ホオズキの原産は東南アジアで、元来寒い地域を好まないだけに、安定的な栽培を軌道に乗せようと、日々研究を重ねた。その甲斐あって、今ではインターネットでの販路拡大も功を奏し、全国から引き合いがある。

2017年7月6日

霧島市

〈雨〉
最高 27.5℃
最低 22.1℃

ホオズキの収穫に余念がない愛甲さん

ホオズキは軒先につるすと魔除けになるという言い伝えや、お盆には先祖を迎える提灯の意味合いもあり、縁起物として人気が高い。東京・浅草寺の「ほおずき市」は、開催される7月10日に参拝すると4万6千日分お参りしたのと同じご利益があると言われ、多くの浴衣姿の参拝客で賑わうそうだ。

愛甲さんのホオズキは、県内では鹿児島市や地元の物産館に出荷され、収穫作業は8月中旬まで続く。出荷用の箱には親しみを込めて「愛甲さん家(ち)のほおずき」と記され、週末も休みなしで家族総出の出荷作業が続く。

九州南部は梅雨の末期を迎え、豪雨災害に警戒が必要だ。浅草寺の4万6千日分のご利益までは望まないが、まずはこの梅雨末期を無事に乗り越えたい。魔除けのホオズキにも願かけて。

六月灯(ろくがつとう)が結ぶ地域の絆

2016年8月8日

鹿児島市

〈曇り時々晴れ〉
最高 33.7℃・最低 27.0℃

鹿児島県内では、7月から8月にかけ、神社などで夏の風物詩「六月灯」が行われる。鹿児島市では7月1日の八坂神社を皮切りとして、境内に鮮やかな灯籠(とうろう)が奉納され、夜店も並び大勢の人で賑わう。8月になると虫の鳴き声も盛んになり、日没後は秋の気配さえしてくる。

私も六月灯は幼少の頃から大好きで、足しげく出掛けた。特に勝負心をくすぐる金魚すくいには夢中になった。

金魚すくいの私流の極意は「すくい網」の使い方だ。水中でのすくい網は、水面に対して水平に移動させ、できるだけ水面近くの金魚を狙う。金魚を引き上げる時は垂直ではなく、斜め方向にすくい上げる。

必死に格闘していると、周りからご近所さんの茶々が入ったものだ。「晃ちゃん、大きくなったね。両親は元気？」とか、「もっとこういう感じにすくわないと」など。当時は〝雑音〟にしか聞こえなかった。

しかし、祭りで交わされる何気ない会話こそが、地域のつながりの証しであったのかもしれない。当たり前に住民が寄り合い、顔を合わせ、立ち話

六月灯で金魚すくいに興じる親子（鹿児島市の荒田八幡）

を楽しんでいた。

そんなことを思い出しながら、先日、鹿児島市の荒田八幡の六月灯に足を運んでみた。金魚すくいでは、多くの親子連れが一喜一憂しながら楽しんでいた。金魚と奮闘している親子に後方から「ほらほら、頑張れ、もうちょっと」の声援が相次ぐ。昔と変わらない盛況なお祭りの姿があった。

少子高齢化が進み、以前は当たり前に毎年行われてきた地域の伝統的なお祭りが、今では開催自体がままならなくなってきた。地域共同体の衰えが、防災や防犯意識の低下にもつながるとも言われる。

地域住民が集うお祭りが取り持つ住民同士の絆。地域の魅力を再確認できる六月灯の社会的価値を再考したい。

避暑のかき氷、清少納言も

「シュシュシュ…」

回転する透明な氷から真っ白な氷片が削り出される。これに甘いシロップをたっぷり回しかける。こめかみがキーンと痛くなっても食べたくなるかき氷は、盛夏に欠かせない味覚だ。鹿児島市のかき氷店も、涼を求める客で連日長蛇の列ができる。

このかき氷、千年以上前の平安時代に清少納言も味わっていたそうだ。彼女は「枕草子」の中で、かき氷を「あてなるもの」、つまり上品なものとして紹介している。枕草子には「削り氷にあまづら入れて、新しきかなまりに入れたる…」という一節がある。「あまづら」とは甘い蜜のようなもので、それを金属の器に盛って味わったという意味だ。

冷蔵庫もない時代、氷は冬に採取され、氷室(ひむろ)と呼ばれる天然氷の貯蔵庫に保存された。氷室から運ぶ途中にほとんどが暑さで解けるために、当時夏の氷は非常に貴重だった。一部の貴族など高い位の人しか口にできなかったという。清少納言も甘くて冷たいかき氷を味わいながら、暑い夏を乗り切っていたことだろう。

私もお店でイチゴ味をいただいた。氷がフワフワっとして、まさに冷たい綿菓子を食べているよ

2014年8月19日

鹿児島市

〈晴れ時々曇り〉
最高 32.4℃・最低 25.5℃

鹿児島市のかき氷店。盛夏には飛ぶように売れる

うだった。フル回転でお店を切り盛りするお店の方においしい氷の秘密を聞くと、天然の湧水を時間をかけてじっくり凍らせることだという。お店のこだわりで、かき氷が一層おいしく感じられた。

平安時代と違い、今では扇風機やエアコン、冷蔵庫と、さまざまな文明の利器が私たちを取り巻き、暑さをしのぐのに困らない時代だ。

だが、時にはいにしえの平安貴族のみやびな暮らしに思いを寄せながら、冷たいかき氷に舌鼓を打ってみてはいかがだろう。ちょっと違った涼しさを感じられるかも。

棚田が秘める価値と魅力

避暑の散策にお勧めの場所がある。日本棚田百選にも選ばれている薩摩川内市入来（いりき）町の「内之尾（うちのお）の棚田」だ。棚田は、彼岸花が咲く秋も魅力だが、緑一面の夏の棚田も趣がある。

国道328号線沿いにある清浦ダムを山手に入る。途中、耕作放棄地も散見されるが、内之尾の集落に着くと、石積みの棚田で育った稲が風にそよいでいた。暦の上では秋を迎えても日差しはまだ厳しい。ただ田んぼの横を流れる渓流沿いの日陰を歩くと、涼しい風が吹く。ヒグラシと鳥のさえずり、用水路を流れる水の音が何とも心地いい。キャンバスに描きたくなるような夏空と緑の風景は山里の至宝だ。

棚田は、1枚の田んぼが狭いうえに形もいびつ。決して生産性はよくない。しかし、内陸部の棚田は、昼夜の気温差に加えて良質な水も豊富で、美味しい米を育むと言われる。特に天日に干した棚田の新米は、秋に味わう贅沢の一つだ。都市部の消費者にもある種のブランドとして定着しつつある。

棚田は米の生産だけではなく、保水や自然災害の抑制にも一役買っていることはご存知だろうか。

2016年8月15日

薩摩川内市

〈晴れ〉
最高 34.2℃
最低 25.0℃

田んぼの緑が美しい内之尾の棚田（薩摩川内市入来町）

山地の多い日本列島は急傾斜地が多く、降った雨がすぐ海に流れ出る。それを里山で一時的に貯水しておく〝ミニダム〟の役割を果たしているのが棚田だ。この保水機能によって、農業に必要な水資源を確保するとともに、土石流災害から集落を守っている。

内之尾の棚田の周辺を見ると、古い住まいが数軒しかなく、集落の存続危機を痛感する。現在棚田の維持は集落住民の他に、鹿児島大学やＮＰＯ法人も手を携えた取り組みが既に始まっている。先人が知恵と労力を費やして築き上げた遺産とも言える棚田。今なおその役割は大きい。

エルニーニョでウナギも受難？

2015年7月24日

鹿児島市

〈晴れ〉
最高 32.5℃・最低 25.8℃

土用、猛暑、スタミナとくれば、連想されるのは「ウナギ」だろう。炭火で焼きあげた蒲焼きの香ばしい風味に、食欲もまさにウナギ上りだ。

今夏の土用丑の日は、7月24日と8月5日の2回。この日にウナギを食べる習慣は、その昔、暑くてウナギが売れないウナギ屋さんを見かねた平賀源内が「土用丑の日はウナギを食べよう」と貼り紙をし、庶民に広めたことが始まりとも。

鹿児島は養殖ウナギの生産が国内第1位。温暖できれいな水が豊富だからだ。しかし、ウナギの稚魚であるシラスウナギの漁獲量が激減しており、ここ数年は取引価格が高騰。ウナギ専門店も悲鳴を上げている。昨年はニホンウナギが国際自然保護連合の絶滅危惧種に指定された。

シラスウナギの漁獲量の減少は、乱獲が原因と言われる。しかしその一方で、気候の変化も指摘されている。

東京大学大気海洋研究所の木村伸吾教授の研究によると、南米ペルー沖の海水温が上昇する「エルニーニョ現象」が関係しているという。ニホンウナギは日本のはるか南のマリアナ諸島付近で産卵し、幼生は黒潮に乗って北上し日本付近にやっ

食欲をそそるウナギの蒲焼き

てくる。

しかし、エルニーニョの発現時期は海の環境が変わり、ウナギの産卵域が通常より南の海域に移ってしまう。その結果、幼生が黒潮に乗れず、日本付近に到達できなくなってしまうらしい。地球規模の気候の変化が、年に数回楽しみにしている私達のささやかな贅沢まで影響しているのだ。

世界のウナギの7割が日本人の胃袋に収まっていることを考えると、偉そうなことは言えないが、資源を回復させる手立てはないものだろうか。伝統ある日本の食文化の一つが食卓から消えることだけは何とか避けたい。

彼岸花に誘われて

秋分が近づくと田んぼの畦（あぜ）が赤く染まり始める。そう、彼岸花だ。稲穂が緑から黄金色に変わり頭を垂れ始める。その横で深紅の花びらを放射状に開き、彩りを添えている。

彼岸花を楽しむには早朝がおすすめだ。花びらに輝く朝露。秋の虫の鳴き声。脇を流れるせせらぎの音…。夏の間に火照（ほて）った心とからだを癒してくれる。

彼岸花は、田んぼの畦を荒らすモグラや野ネズミを防除するために植えられたという。球根に毒を含んでいるからだ。同時に球根にはデンプンが含まれるため、水にさらして毒抜きをし、飢饉（ききん）に備えたと大正生まれの祖父から聞いたことがある。彼岸花の風景は先人たちの知恵とともに育まれてきたのだろう。

人口わずか250人のさつま町柊野（くきの）集落は、彼岸花を町おこしにつなげている。毎年秋分の日に「柊野ひがん花まつり」を開催している。私も訪れたことがある。20万本の彼岸花が田んぼの畦を真っ赤に染め、田の神がひっそりと鎮座する光景は日本の原風景を思わせる。

集落をのんびりと散策するコースでは、柊野小

2014年9月22日

さつま町

〈雨〉
最高 26.9℃
最低 19.6℃

さつま町の田園を彩る彼岸花

の児童たちがガイドを務めてくれる。休憩所では新米のおにぎりや「味噌びら」という味噌味の煮しめなど、郷土料理が楽しめる。決して華やかな祭りではない。

しかし、集落のおばちゃんたちの熱心なもてなしや、彼岸花の里への思いを誇らしげに語る様子は、その美しい風景とともに心に焼き付いている。訪れる人をほっこりとした気持ちにさせてくれる。山村の魅力の一つだ。

「暑さ寒さも彼岸まで」と言われる。彼岸を過ぎると柊野集落も豊穣の時を迎える。今年も出かけてみようかな。

彼岸花の花言葉の一つが「情熱」。毎年彼岸花の季節になると、私に熱く語ってくれたあのおばちゃんたちを思い出す。

絶景撮影は駆け引き
ー湧水町の雲海ー

秋が深まり、移動性高気圧が西からやってくる季節になると、毎年そわそわする。湧水町魚野の高台から望む雲海をカメラに収めたいからだ。

雲海の撮影は、晴れた日の朝に雲海が現れる場所に行けば必ず撮れるというものではない。毎年のように通うが、きれいな雲海を撮れるのは数回に1回だ。

雲海は霧が地表面に広がったもの。秋から春にかけて移動性高気圧に覆われてよく晴れ、地面付近の熱が奪われる放射冷却が効いた早朝に現れる。加えて、前日に雨が降ってある程度の湿度があり、風がピタッと止まらなければならない。このような気象条件が全てそろった時に、真っ白い雲海が盆地を埋め尽くす。紫色の雲海が日の出とともに茜色に変わっていく。その幻想的な風景は言葉で表現できない。是非早起きして一見していただきたい。

気象予報士としての知識をフルに活用し、気象条件を調べつくして現場に出かける。しかし必ずしも撮影できるとは限らない。

理由は、湧水町には気象庁の観測点がなく、最寄りのアメダス観測データを参考にせざるをえな

2017年10月25日

湧水町

〈晴れ〉
最高 20.6℃
最低 6.0℃

冷え込んだ朝に現れる湧水町の雲海

かったり、予測精度に限界があるからだ。そのデータ不足の部分を熟考する駆け引きの面白さがあるから、毎年撮影したくなるのかもしれない。

雲海が現れるのは1、2時間の短時間だ。雲海が出てから現地へ向かっても間に合わない。最近は湧水町を流れる川内川の国交省ライブカメラを未明に見て霧の様子を確認したり、現地の新聞販売店に電話して、当たりを付けるという知恵も身についた。

先日は今シーズン3度目の正直でようやく一面の雲海に出会えた。大パノラマに自分が包み込まれている幸福感をしばし味わった。

そして大自然と知恵比べのような駆け引きに心を奪われている自分に、ふと呆れた。

〝季節追い人〟が撮る秋

2015年10月11日

霧島市

〈晴れ〉

最高 19.3℃・最低 9.5℃

秋の七草の一つ「ススキ」。えびの高原の名の由来は、エビ色のススキが山肌を染めるからと言われている。そのススキが群生する霧島連山の秋の風景をカメラに収めに行こうと思ったら、先を越された。

職場の同僚で、写真と登山が趣味の山下浩一郎さんは〝季節追い人〟。感心するほど季節を敏感に感じる嗅覚の持ち主だ。彼がSNSにアップする秀逸な写真は、いつも私達を魅了してくれる。これまで屋久島や奄美の自然や文化をテーマにしたドキュメンタリー番組を数多く制作してきただけに、写真には彼しか撮れない深みや優しさがにじむ。

そんな彼が「秋を待ってました！」と言わんばかりに、透明感のある霧島連山の写真を届けてくれた。彼が出掛けた日は、大陸生まれの移動性高気圧がこの秋初めて本格的に西日本を覆った日で、カラッとした秋の空気に包まれた。絶好の撮影日和を逃すわけにはいかなかったのだろう。

写真は、韓国岳(からくにだけ)の山頂から望む開聞岳や屋久島の頂、高千穂峰など、今にも霧島に足を運びたくなる絶景ばかり。中でも私は、えびの高原で撮影

夕景に映えるえびの高原のススキ（山下浩一郎さん撮影）

した夕景のススキの写真が目に留まった。ススキの穂が夕日で黄金色に染まり、涼しい秋の風に揺れる風情が感じ取れる。ススキと同じ色に顔を染めながらシャッターを押し続ける彼の姿も想像しながら写真を味わった。秋を待ち望んだ虫たちの大合唱にも癒されたことだろう。夕方のえびの高原は12度ぐらいまで気温が下がったらしい。鹿児島市より10度も低い。

霧島連山は日を追うごとに秋が深まる。標高によって差はあるが、高千穂河原周辺の紅葉は11月初旬が見頃になりそうだ。同僚の写真に甘んじず、次は自分の五感で楽しみに出掛けよう。

秋をいただく

2015年9月27日

さつま町

〈曇り一時雨〉
最高 26.8℃・最低 22.2℃

田んぼの畦道が彼岸花で赤く染まるこの時期、楽しみにしている味覚がある。旬を迎えた秋の川の恵み、山太郎ガニだ。

山太郎ガニは別名「モクズガニ」や「ツガニ」とも呼ばれ、古くから住民の貴重なたんぱく源として重宝されてきた。中華料理で高級食材とされる上海ガニと同じ仲間だ。県内各地の川に生息するが、漁は川内川が流れるさつま町周辺がよく知られている。

山太郎ガニは、秋の初めに川を下り、河口で繁殖を行う。生まれた幼生はプランクトンとして海で過ごし、カニの姿に変わると川を遡上する。川内川の河口からさつま町までは40キロほど。カニの移動能力にも驚かされる。

山太郎ガニ漁は、繁殖のため秋に川を下るカニを狙い、魚の切れ端などを餌にして仕掛けた籠で捕獲する。その風景は、川内川の秋の風物詩だ。

秋が深まり、川内川流域で早朝に霧が出るようになると、物産館に山太郎ガニが並び始める。

さつま町の物産館「宮之城ちくりん館」によると、今年は台風の影響で入荷は例年より少なめだが、旬の山太郎ガニは人気が高く、入荷後すぐ売

山太郎ガニの味噌汁

り切れる日もあるという。

私も先日、運良く買い求めることができた。料理好きにとって旬の食材を調理するときは腕が鳴る。おすすめは味噌汁だ。カニは水からゆで、具は豆腐とミツバ。味付けも味噌と酒のみとシンプルに。その方がカニ本来の風味を引き出すことができるからだ。

私流の食べ方は、まずカニのダシの効いた汁を堪能する。そして甲羅を二つに割り、かぶりつく。濃厚なカニミソを吸うときは至福の時だ。

この日は出水の実家に帰省し、父と久しぶりに焼酎を酌み交わした。山太郎ガニを前にすると、賑やかな会話もピタリと止んで一心に食らいつく。「明日の朝はみんな横歩きか？」などという冗談も通じないほど。

豊穣に飽き満つる秋

2016年11月13日

鹿児島市

〈晴れ〉

最高 24.0℃・最低 13.9℃

大陸から冷たい空気を伴った移動性高気圧がやってくると、空の色が一層青く感じられる。豊穣の季節にはこの青空がよく似合う。

先日、鹿児島市吉野町にある会社の畑の芋掘りに参加した。今年造成した畑に社員自らサツマイモの苗を植え、夏場は草取りに汗を流した。初収穫のこの日は、社員の家族も参加し、畑は歓声に包まれた。

「焼き芋が一番おいしいかな」、「今夜はガネの天ぷらだね」、「焼酎にはできないの?」など、期待通りの大豊作に胸が躍った。

中には自分の頭ほどもある大きな芋を掘り当て、自慢する子ども達も。

品種は、濃い紫色の紅はるかと安納芋（あんのういも）。芋を掘る前に、まずツルを取り除く。ツルを切ると切り口から白い汁が染み出てくる。栄養分たっぷりの土壌で育った証拠だ。参加者は泥まみれになって土の中の芋と格闘した。

「秋」の漢字の部首は「のぎへん」。「禾」は穀物のアワを意味し、穂を垂れる様子を表しているらしい。読みの「あき」は、「五穀に飽き満つる」や「紅葉の色である赤が変化した」など諸説ある。

サツマイモの収穫を喜ぶ参加者。後方にはソバ畑も

生き抜くために不可欠である食糧を獲得する喜びが「秋」という一文字に込められているのだろう。

気温が下がってくると、体温を保つために身体は栄養を欲するようになる。人間はクマのように冬眠はしないが、冬を前に栄養を蓄えようと、脳が食欲を刺激するのかもしれない。食欲の秋は理にかなう。

収穫したサツマイモは自宅に持ち帰り、焼き芋とスイートポテトに。同じ畑ではソバの白い花が今月末の収穫を待つ。

豊穣の秋はまだまだ続く、体重計も気になるが。

※「ガネの天ぷら」とはサツマイモの天ぷらのこと。ガネは鹿児島弁でカニを意味する。天ぷらの見た目がカニに似ているから。

紅葉と祖母と思い出と

2014年11月30日

霧島市

〈雨〉

最高 17.7℃・最低 11.2℃

〝紅葉前線〟がようやく九州南部まで南下してきた。鹿児島の紅葉スポット霧島も、多くの人出で賑わっている。

私も先日、霧島神宮や丸尾温泉を散策したが上々の見映えだった。紅葉狩りを楽しむ大勢の観光客と晩秋のひと時を楽しんだ。

紅葉の美しさは、気象と深く関係している。夏にたっぷりと太陽の光を浴び、秋の冷え込みにさらされること。そして台風による暴風の影響がないことだ。2014年は鹿児島県本土に2個の台風が上陸したが、なんとか持ちこたえた。

燃えるような紅葉も、実は葉の老化現象だ。気温の低下とともに葉の光合成の力が低下すると、木は生命を維持するために葉を落とす準備をする。そのとき葉を緑に見せていた葉緑素のクロロフィルが分解されて、葉の色が赤や黄色に変化する。錦色の美しいグラデーションは、世代交代の最後の輝きといったところだろうか。

私にとって紅葉の思い出といえば、明治生まれの義理の祖母を連れて、霧島を訪れたときのことだ。その時祖母は、高千穂の峰と霧島神宮の紅葉がよほどきれいに映ったのか、突然懐かしそうに

霧島連山の紅葉

唱歌を口ずさみ始めた。よく分からなかったが確か「豊葦原の…」という歌詞だったと思う。祖母にたずねたら、尋常小学校の頃に習った歌で「天照大神」という歌らしい。その時90歳が近かった祖母。神々しい山と紅葉を愛でながら、乙女のような顔で繰り返し歌っていたことが脳裏に焼き付いている。

それからしばらくして祖母は他界した。散り際を知っていた祖母は、紅葉を自分の人生になぞらえていたのかもしれない。

それにしてもあの日の祖母はいつになく優しい笑顔だったなぁ。

毎年紅葉を見る度に思う。「もう一度、祖母に会いたい」と。

ツルはツールよりも強し?

2013年10月31日

出水市

〈晴れ時々曇り〉
最高 22.7℃・最低 14.1℃

私の故郷、鹿児島県出水市では、〝冬の使者〟と言われるツルの第一陣がシベリアから飛来すると、秋が一気に深まる。ツルが空を舞う姿は、この時期の出水平野の風物詩だ。

ツルは2羽から4羽ぐらいの家族でまとまって行動する。夫婦はとても仲がよく、相手と一生添い遂げるそうだ。ツルの家族の絆は、我々人間も学ぶところが多い。

ツルは越冬のために翌年3月ごろまでこの平野で過ごすが、毎年1万羽を超えるツルがやって来る。よほどこの地が過ごしやすいのだろう。

ツルの生態はいまだ謎が多い。ツルを身近で見ていた私にとって極めて不思議なのは、毎年必ず、その秋に初めて吹く北西からの季節風に乗ってやって来ることである。

私たち気象予報士は、気象衛星からの画像や世界各地で観測されたデータなど、最新技術を駆使した気象解析ツールの力を借りて、上空や地上付近の気象状況を把握している。

例えば、天気予報の根幹を担う気象庁のスーパーコンピューター。以前よりも緻密な解析が出来るようになり、大雨の予測や台風の進路予想精

出水平野を舞うツルの群れ（提供：出水市役所）

度が飛躍的に高まった。私たちはこのようなツールを用いることによって、初めて精度の高い天気予報を出すことができる。

ツルも命がけで大陸から渡ってくるに違いない。しかし何の力も借りることなく、どうして季節風の動向など、上空の気象状況が分かるのだろうか。本能以外の何ものでもないのだろうが、生きるために本能を磨き上げてきたツルには、尊敬の念さえ抱いてしまう。

ツルたちの北帰行は、出水平野がすっかり春めく3月ごろがピークとなる。自然豊かなこの平野でゆっくり滋養して、大陸に戻る体力をたっぷり蓄積してほしい。それまでは優雅な天空の舞で我々の目も和ませてほしい。

秋こそ髪のケアを

2015年10月21日

鹿児島市

〈晴れ〉
最高 27.5℃・最低 18.2℃

「最近仕事が忙しい？　髪がパサついているけど」と、私が行きつけの理髪店の店長、濱上義隆さん（70）。私は社会人になって以来27年間、この店で髪を切ってもらっている。

鹿児島市郡元（こおりもと）にお店を構えて48年。長年お客に親しまれてきた濱上さんは、語らいも楽しいが、技術もピカイチ。季節にも合わせながら、こちらの要望通りにカットしてくれる。そしてひげそり後の顔マッサージは、つい居眠りするほど気持ちいい。

濱上さんは、私の髪をひと掴（つか）みした時の手触り感から、私の健康状態も大体分かるという。まさに〝髪のホームドクター〟だ。濱上さんによると、秋は髪のケアにとって大切な時期だという。

人の髪は通常1日に80本ほど抜けるそうだが、抜け毛のシーズンの秋は200〜300本抜けるという。それは夏の間に紫外線を浴びて髪がダメージを受けたり、夏バテによる栄養不振で髪に十分な栄養が行き渡らないことが原因らしい。

特に紫外線の影響は厄介だという。紫外線は髪を乾燥させ、表面のキューティクルをはがす。更に紫外線は髪のたんぱく質を変化させるため、枝

お客と語らいながら調髪する濱上義隆さん

毛や切れ毛が増えるらしい。

秋になると太陽から降り注ぐ紫外線の量は真夏より3割ほど少なくなるが、夏の紫外線の影響が秋になって髪に現れるのだ。傷んだ髪のケアについて濱上さんは、「バランスの良い食事と規則正しい生活が一番。髪も身体の一部だから」と。食欲の秋は、髪への栄養補給の秋にもしたい。

髪のケア以外にも心のケアも気遣う濱上さん。「亀田さん、最近髪のボリュームがなくなってきたよ」「テレビに出演した時の髪型がいまいちだった」など、私への言葉はいつも直球だ。でも裏を返せば、「髪を気遣うぐらいの余裕を常に持て」と、いつも私に気をかけ、時には鼓舞してくれる。だから私も通い続けるのかもしれない。髪を切るだけではなく、心のリセットボタンも押しに。

お月さまのおかげ

2016年9月25日

姶良市（あいら）

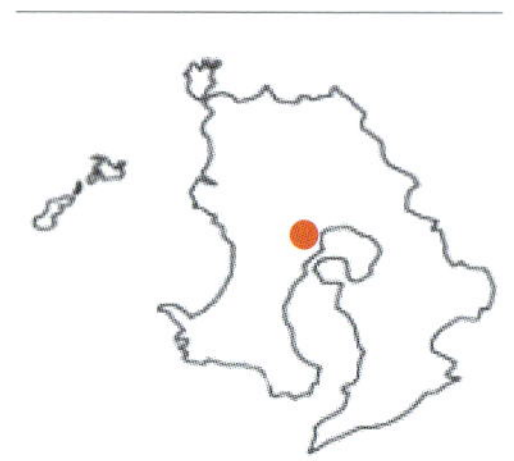

今年の中秋の名月は、秋に雲が停滞する秋雨前線の雲のすき間から一瞬だったが望むことができた。〝芋名月〟とも呼ばれ、鹿児島では豊穣（ほうじょう）に感謝するとともに、綱引きや十五夜相撲が各地で行われる。

私も幼少のころは、友達とまわし姿で集落を回って縁側のお供え物をいただき、その後泥まみれになって相撲に勤しんだ。勝ち力士へのご褒美はお供え物の果物だった。

郷愁を誘う秋の月。実はこの月のおかげで季節の恩恵どころか、この地球上で生物が命をつないでいけるということはご存知だろうか。

月の引力の影響で、満潮干潮が起こることは知られている。それ以外にも、地球の地軸の傾き約23・4度を安定して保っているのも月のおかげと言われる。

姶良市にあるスターランドＡＩＲＡの館長、上田聡さんによると、月がある程度の質量をもった大きな衛星で、地球と月の引力が微妙にバランスを取り合っているからだという。もし月がなければ、地軸の傾きがふらついて不安定になる。四季はなくなって気候帯も激しく変化し、生物は大

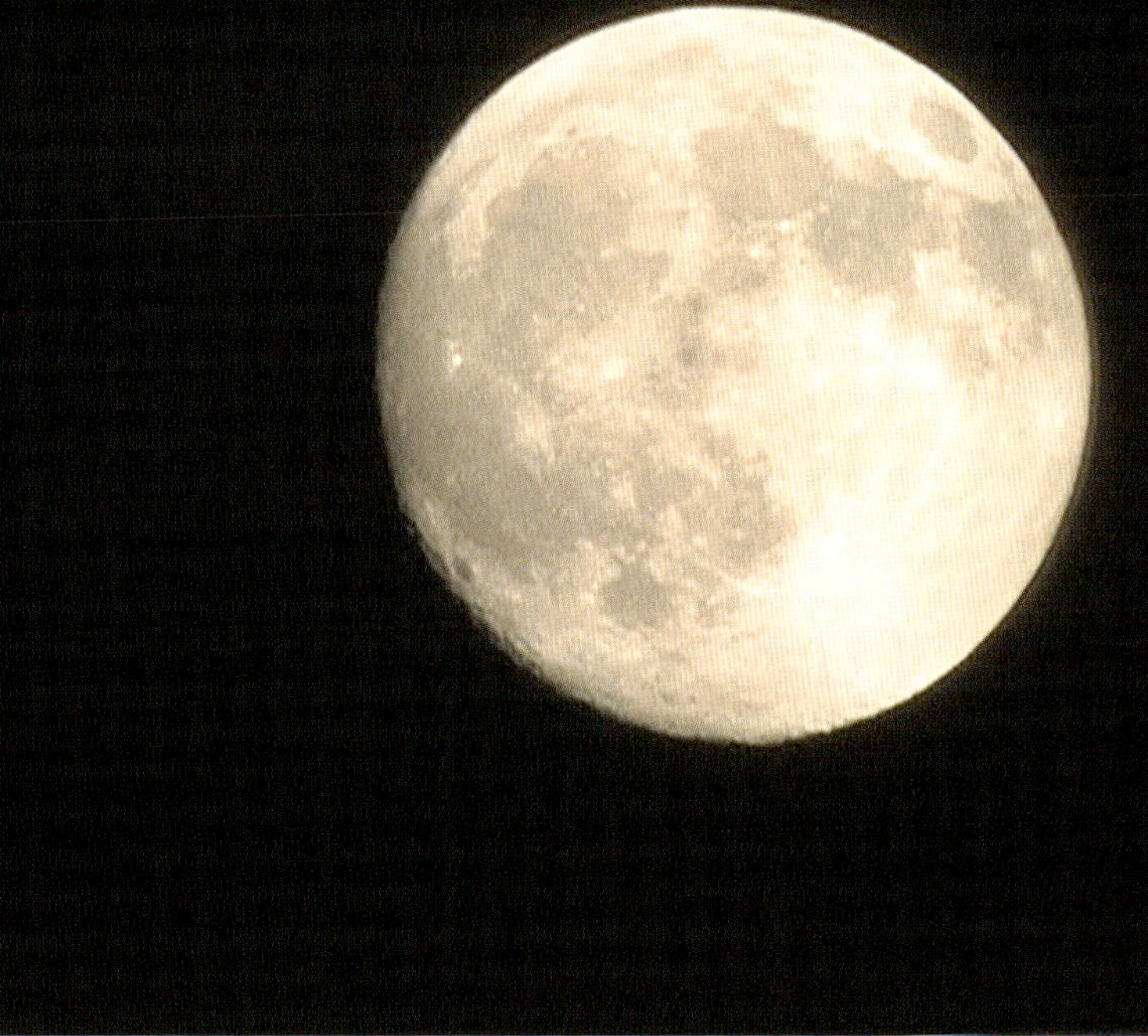

雲のすき間から見えた中秋の名月（2016年9月15日午後7時撮影）

混乱を起こすだろう。

　また「1日は24時間」というごく当たり前のことも、月の存在が大きく関わっている。月がなければ地球は現在の3倍ほどの速さで自転し、1日が8時間ほどになると言われる。月が程よくブレーキをかけてくれているのだ。

　では地球の自転が8時間だったら何が起こるのか。気象学的には、自転によって吹く偏西風が猛烈に吹き荒れ、想像を絶する地球環境になるだろう。

　月の身近な存在は、ウサギが餅をつく空想にも現れている。月は太陽と比べ、どちらかといえば地味かもしれない。しかし地球上の生命体が進化を続ける環境を地道に支えてくれているのも月である。秋の夜空にぽっかり浮かび、静かに照らし続ける月に感謝の念を抱かずにはいられない。

優しい音色は湿度との闘い

2014年10月23日

鹿児島市

〈晴れ〉
最高 23.3℃・最低 15.8℃

秋雨前線の影響で朝から雨が降り続くある日、鹿児島市在住のピアニストで、中学時代の同級生の柴藤ひろ子さんと、天気とピアノのケアについて話す機会があった。柴藤さんによると、ピアノの音色に最も影響を与えるのは湿度の変化らしい。

ピアノは鍵盤を押すとハンマーが弦をたたき、弦の振動が空気に伝わって私たちの耳に響く。ハンマーは木にフェルトを巻きつけたもので、湿度が高いとフェルトが膨張し、こもった音色になるという。

柴藤さんが2年前に自宅にスタジオを新築したときも、建材に含まれる湿気の影響で調律に苦労したという。曲作りに際しては、湿度計を気にしながら除湿機で湿度を調節し、ピアノを常に最良の状態に保つようにして臨んだ。柴藤さんの曲はどれも、優しい音色の癒し系なのだが、裏には湿度との闘いがあったわけだ。

ピアノメーカーによると、ピアノにとって最良の環境は、温度が15～25度。湿度は夏場が40～70％、冬場は35～65％ぐらいが適切だそうだ。つまり人間にとっても快適な環境がピアノにも良いということだ。湿度が高すぎると伸びのある音が

ピアノのケアは子育てと同じと話す柴藤ひろ子さん

出なかったり、逆に乾燥しすぎると雑音がしたり音程が乱れることもあるという。

柴藤さんによると、ピアノをケアするのは子育てと同じで、手をかけただけ愛情も生まれ、そのうちに心とピアノが一体化するという。子育ての傍ら、鹿児島大学大学院で音楽の研究を手がけてきた彼女のピアノの音色は、気品と奥深い優しさにあふれている。

私がお気に入りの彼女の曲「雨に」は、わずか1分半足らずの短い曲。静かに降る雨の情景を彷彿(ほうふつ)とさせる旋律が心を癒してくれる。その音色はピアノの〝体調〟を常に気遣う彼女の愛情が醸し出すのだろう。秋の夜長は読書もいいが、ピアノを聴きながら眠りに就くのはいかが。

寒風が醸す〝ちけもん〟

2014年12月17日

南九州市

〈晴れ時々曇り〉
最高 10.6℃・最低 4.3℃

南国鹿児島といえども冬型の気圧配置になると、薩摩半島には東シナ海から寒風が吹き込んでくる。

師走になると南九州市の頴娃（えい）町や知覧（ちらん）町の畑では、その寒風に大根をさらすための大きな櫓（やぐら）がいくつも組まれる。大根は1カ月ほど寒干しにされ、特産の「山川漬け」の原料となる。地元の人は、この大根の寒干しを単に漬物（ちけもん）という。

寒干しの作業は朝早く始まる。まず土が付いた新鮮な大根を1本ずつ丁寧に洗う。海が近いため霜こそあまり降りないが、冬の朝の水は身を切るような冷たさだ。大根は2本を一組にして結び、竿（さお）を使って櫓の上で待つ「干し役」に渡す。吹きさらしの畑で黙々と共同作業が続く。見ているだけで手がかじかんでしまいそうだ。作業が終わった櫓は、巨大な大根のトンネルのようで、その壮観な光景は冬の風物詩となっている。

頴娃町上別府の農家、飯伏昭也さん（45）によると、今年はしっかりと身が詰まった品質の良い大根ができたという。後継者も少なくなる中、朝早い寒干し作業は体力勝負で大変だが、カリカリっとした触感を食卓に届けたいと、作業にも精が出るという。

大根は寒風にさらされ特産の山川漬けに加工される

大根は1カ月も干すと乾いた寒風によって水分が抜け、重さが5分の1ほどになる。これを塩漬けにして半年ほど発酵熟成させると、褐色(かっしょく)の山川漬けになる。

大根を干すと、冬の太陽と寒風によって糖化が進み甘くなる。さらに鉄やカルシウムなどの栄養素も、生で食すより豊富になるという。栄養不足に陥りがちな冬の滋養食品として、先人の知恵が息づいている。

この時期に仕込んだ寒干し大根が食卓に上がるのは来年の初夏ごろ。噛むほどに甘みが増す南薩の山川漬けを、アツアツの白ごはんに盛っていただくのが楽しみだ。

暖冬だから大雪？

2016年1月23日

鹿児島市

〈大雪〉
最高 2.9℃・最低 -2.4℃

朝起きて水墨画のような雪の銀世界が広がっているると、大人の私でも心が躍る。

先日の大雪は積雪したのが日曜日とあって、朝早くから子どもたちの雪だるま作りや雪合戦を楽しむ声が、近所にこだましていた。私もつい童心に戻り、一緒に雪遊びの感触を噛みしめた。

一方で雪に慣れていない鹿児島では、数センチの積雪で交通に支障が出たり、けが人が相次ぐなど、生活に影響が出た。

今年の鹿児島県本土は暖冬傾向にも関わらず、5年ぶりの大雪となった。奄美大島では明治34年以来、115年ぶりに雪が観測された。「暖冬になぜ？」と思われた方も多いだろう。もしかすると、暖冬だから大雪になったかもしれない。太平洋の暖かい海水温と気圧差に注目してその理由を考えてみた。

暖冬時は太平洋側の海水温が平年より高いことが多く、海水が温かいとその上空は低気圧が発達しやすい。すると大陸の寒気を伴う北の高気圧と、南にある太平洋上の低気圧の間で気圧の差が大きくなる。その気圧差で北寄りの強風が吹いて寒気が流れ込むため、大雪になるというわけだ。

雪合戦を楽しむ子どもたち（鹿児島市向陽）

大雪が降るメカニズムは複雑で一概に説明することは難しいが、このところ西日本の東海上の水温は20度もあり、平年より高い状態が続いている。この傾向は今後も続くため、思わぬ降雪と、激しく変化する気温には注意が必要だ。

テレビ局は大雪が降ると、鹿児島らしい風景として、雪をかぶった西郷隆盛像をよく撮影しニュースで放送する。

そういえば西郷率いる薩摩軍が熊本に向けて挙兵し、西南戦争の火ぶたが切られた日も数十年ぶりの大雪だったという。

同じ戦でも、子どもたちの屈託のない笑顔に満ちた雪合戦は、いつまでも見つめていたい。

気象を制してレースを制す

2015年12月13日

鹿児島市

〈晴れ〉
最高 12.1℃・最低 1.5℃

毎年2月に開催される別府大分毎日マラソン。私は2015年、中継技術スタッフとして番組に携わっていたが、異例のレース展開となった。別府湾で発生した霧が陸地に流れ込み、濃霧となってコースを覆ったのだ。中継用のヘリコプターも飛べず、テレビカメラもまさに五里霧中で選手の姿を捉えようとしていた。トップ集団のランナーたちも後続の状況が分からず、困惑したという。気象条件に大きく左右されるマラソンの難しさを改めて実感した。

冬はマラソンや駅伝がシーズンを迎える。気温が低いため、ランナーの体温が上がりにくく、長距離を走りやすいからだろう。しかしその一方で、激しく変化する気象の影響も受けやすい。

気象を制する者はレースを制すると言われるぐらい、トップランナーは気温や風を慎重に読みながら走る。自分のペースを重視して集団を抜け出して先頭を走るか、それとも集団の中で風の抵抗をできるだけ避けながら走って、虎視眈々（こしたんたん）とスパートの瞬間を狙うか。テレビを見ている我々には直接伝わってこない、熾烈（しれつ）な駆け引きが行われているに違いない。気象にこだわり出すと、ラン

風を読み先頭を争う県地区対抗女子駅伝（MBC テレビから）

ナーの順位よりコース上の気象条件の方に気を取られてしまうのは仕事柄か。

知人の元陸上選手からこんなことを聞いたことがある。「1キロを3分で走る選手は、1mの向かい風を受けると、1.8秒のロスが生じる。2時間走ると1分12秒も遅れることになる。だから向かい風をいかに受けずに走ることが大切なんだ」と。1分12秒のロスを距離にすると400mにもなり、競技場1周分だ。冬場は強風の中でレースが展開されることもある。わずかな風の違いが、長距離を走るランナーには大きな負担となる。

県内では春に向けて県下一周駅伝や県地区対抗女子駅伝、鹿児島マラソンと県民が熱い声援を送る大会が目白押しだ。気象を味方につけたドラマティックなレース展開が、今から楽しみだ。

カメラ女子が撮る〝巨大湯けむり〟

2014年12月26日

姶良市

〈晴れのち曇り〉
最高 12.9℃・最低 1.1℃

海に発生する霧「気嵐（けあらし）」が漂う錦江湾にぽっかり浮かぶ桜島。撮影しているのは「カメラ女子」、MBCの濵ちゃんこと濵田祐美レポーターだ。冷え込んだ朝、「早起きは三文の得」とばかりに姶良市の重富海岸に出かけ、必ず同じ場所でカメラを構える。同じ場所でも、毎日情景が変化するので飽きないらしい。

カメラ歴は4年だが、熱心だから撮影技術もめきめき上達。彼女が撮影した幻想的な錦江湾の気嵐の映像は、全国ニュースでも取り上げられるほどの腕前だ。

寒くなる日の前日、私が先輩面して、「明日は内陸で氷点下ぐらいまで気温が下がるから気嵐の撮影はバッチリかも」とアドバイスした。

しかし、彼女は「いえいえ。亀田さん、気温は7度～8度がいいんですよ」と一蹴。

結果は彼女が言ったとおりだった。気温が低すぎると、霧が深すぎて周囲が真っ白になり、撮影に適さないこともあるのだ。同じ場所に通い続けている彼女だけが知る経験知だ。

気嵐は陸地の寒気がゆっくりと海や川に流れ込み、水面の水蒸気が冷やされて霧ができるものだ。

気嵐を撮影するカメラ女子の濵田祐美さん（写真提供：北山毅さん）

海霧や川霧ともいう。錦江湾の気嵐はまるで巨大な温泉が浮かべる湯けむりのようだ。その神秘的な光景は言葉で言い表せない。空の色が紫からオレンジ色に変わり、立ち上る霧の向こうからゆっくりと冬の陽光が差し込んでくる。耳を澄ますと、さざ波と小鳥の鳴き声しか聞こえない。「独り占めしたくなった風景に出会えた時こそ、多くの人に見てもらいたい」と彼女はカメラを向け続ける。

彼女の取材範囲は広く、生活情報からヒューマンドキュメントまでさまざまだ。日常の取材活動で相手に温かく接する彼女の姿勢がニュース映像にも現れる。極寒の気嵐の映像がどこか温かみを感じるのはそのせいかもしれない。

頑張れ受験生！

2014年1月15日

鹿児島市

〈晴れ〉
最高 11.0℃・最低 8.6℃

木枯らしが吹き荒れる会社帰り。ふと見ると、学習塾の前に受験生や送迎の親たちの姿があった。「人事を尽くして天命を待つ」心境の受験生たちばかりだろう。

ただ厳しい寒さが本格化する中、天気を読んで勝利をつかむことも頭の片隅においてほしい。蛍雪を重ね長い受験勉強に耐えてきたのに、寒さで体調を崩し肝心な試験本番で実力を出せなければ、努力も水の泡になりかねないからだ。

鹿児島で1日の平均気温が最も低くなるのは1月下旬だ。受験を目前に控えた受験生にとっては、まさにラストスパートの時期にあたる。受験生とその家族は、天気予報の気温の変化に敏感になり、衣服の調整や体調管理に取り組んでほしい。また受験地が遠方の場合は、週間予報を利用して現地の天候を早めに把握し、交通手段を吟味することも必要だ。

さて、人事の後は天命を待つしかないだろう。悲願達成に向けて、縁起の良いものにあやかりたいという気持ちは誰しも同じだ。わが家では、息子の高校受験の際、「駅名」にあやかった。県内のJRの駅には「重富駅（しげとみ）」「財部駅（たからべ）」「吉松駅（よしまつ）」

喜入駅の「合格祈願」印入りの切符

など、縁起の良い駅名が多数ある。中でも私のお気に入りは、喜びが入ってくる「喜入駅（きいれ）」だ。ダジャレというかジョークだが、合格祈願印入りの切符を喜入駅まで出向いて購入し、息子やその部活の仲間に贈り、喜ばれたことがある。駅舎に入ると、駅員さんから間髪入れず「合格祈願ですね」と。「今日は乗車切符より、こちらの方が売れています」と合格祈願印を押してくれた。

募る寒さと大一番に向けた緊張で、受験生は身も心も硬くなっている。寒さは暖房で、心はユーモアでほぐしてあげるのはいかがか。

ここまで頑張ってきたのだから、ほんの少し心にゆとりを持つことが成就につながるはず。

寒い冬はやっぱり温泉

2016年12月19日

指宿市

〈晴れ時々曇り〉
最高 20.6℃・最低 7.4℃

こごえるような寒さの日、無性に行きたくなるのが温泉。体温が下がると体の免疫力も下がるらしく、冬に温泉が恋しくなるのは、備わった本能かもしれない。幼少の頃に父と温泉に入ると、「しっかり温まらんと、風邪ひくど」と言われたことを思い出す。

硫黄の香り漂う霧島の温泉や、絶景の海を独り占めできる離島の露天風呂。野趣（やしゅ）に富む鹿児島の温泉は、どれも秀逸だが、地元住民の日常に溶け込んでいる、ひなびた温泉も趣がある。

創業は明治25年。まるでタイムスリップした気分になる温泉が、指宿市の「弥次ヶ湯温泉（やじがゆおんせん）」だ。湯治場としても知られ、私も指宿に出かけた際はつい立ち寄ってしまう。木造瓦ぶきの構えは創業時のままで、レトロ感たっぷり。浴槽は温泉の成分で茶色に染まっていて、洒落（しゃれ）っ気のないところが味わい深い。

薩摩藩が編纂（へんさん）した「三国名勝図会」によると、弥次という人がこの湯を見つけたとあり、やや塩っ気のある源泉かけ流しの湯は、やけどや切り傷に効くとして長く愛され続けてきた。

浴槽では地元の方との会話が弾む。私はよそ者

120年以上地元に愛され続ける指宿市の弥次ヶ湯温泉

とすぐわかるのだろう。80歳ほどの方が「どっからな？　熱かやろ。しっかい浸かっていっきゃんせ」と、熱めの湯に少々我慢気味の私を気遣ってくれた。もう一人の農家の男性からは、今年は台風に気をもみながらも自慢のソラマメが収穫できた話をたっぷりと聞いた。いつもとは違う時間軸に身をゆだねているような、〝南薩時間〟がゆっくりと流れた。

師走の午後は太陽が傾くのも早い。窓から差し込む陽光に照らされる湯気に名残惜しさを覚えながら名湯を後にした。

今年もあとわずか。至福の湯につかりながら1年を思い返し、心身の垢（あか）を洗い流してみてはいかがだろう。

季節風に乾杯！

2014年2月5日

鹿児島市

〈晴れ〉
最高 12.8℃・最低 1.9℃

仕事柄、空を眺めることは大好きだが、同じくらい料理も大好きなのは、自他ともに認めるところ。北西の季節風が強くなる冬の時期に、待っていましたと言わんばかりに毎年没頭するものがある。それは燻製作りだ。自らこしらえた燻製を肴（さかな）に、一献（いっこん）傾ける休日の夕方は、至福のひと時だ。

煙が持つ殺菌と、防腐作用によって食材の保存性を高める加工法は、古くから知られていた。大根の漬物を囲炉裏の煙でいぶした秋田の「いぶりがっこ」は、伝統的な保存食として有名だ。

しかし現在は保存技術が向上したため、煙を食材に当てることによって得られる独特な風味を楽しむために専ら用いられている。

燻製作りのコツは塩などで味付けした後、表面を十分乾燥させることだ。「風乾」というが、これによって食材の水分をある程度抜かないと煙が食材に浸透しない。食材を乾かすためには乾燥した風が必要で、湿気の多い夏場は燻製作りには向かない。自然の風を使う場合、冬場限定の楽しみとなる。

燻製作りを思い立った時は、まず天気図をじっと見て、冷たく乾燥した北西風が吹く日を見極め

食卓に並んだ燻製の数々。季節風が"隠し味"に

る。日本付近が西高東低の冬型になり、上空に寒気が入るときが狙い目だ。その時に吹く北西からの季節風が、食材の旨味を閉じ込め、味をぐっと引き立てるからだ。

趣味といえども、天候と駆け引きしながら自分なりに最高の味を究めるのが燻製作りの面白さといえよう。そして毎回同じように仕込むのだが、作るたびに味や仕上がりが違い、向上心をかき立てる。

この日は県内産の豚肉や鶏肉、鶏卵、イワシの干物などの食材で燻製作りに勤しんだ。あまりの熱中ぶりに家族も半分あきれ顔だが、食べるときになると皆笑顔。

さあ今宵も一杯やろう。季節風が育んでくれた三ツ星の味に乾杯!

幸せの守り神

2018年1月21日

鹿児島市

〈晴れ時々曇り〉
最高 17.1℃・最低 5.0℃

鹿児島で一家の無病息災を願うお守りとして知られている「オッノコンボ」。

鹿児島で唯一オッノコンボを作り続ける、鮫島金平さん（87）とトシ子さん（84）夫妻を久しぶりに訪ねた。

鹿児島市武岡の自宅の工房では、鹿児島市の照国（てるくに）神社で毎年2月に開かれる縁起初市（えんぎはついち）に出すため、作業が追い込みに入っていた。1年かけて2000個を二人三脚で作る。家族の数に1個足した数を台所に飾るとご利益があるという。

オッノコンボは「起き上がり小法師」の呼び名が変化したものと言われる。製作は紙粘土で下地をこしらえ、赤白の塗料やツヤ出しを塗り、最後に金平さんが目入れを行う。「ここが魂の入る瞬間。雑念を捨て、筆先に気持ちを集中させる」と、顔に真剣さがにじむ。小さな人形だが、それぞれ個性があり表情も豊かだ。以前は切れ長の目が人気があったが、最近はパッチリした大きい目が好まれるらしい。

照国神社の縁起初市は、戦前に開かれていた人形市の後を継いで1983年に始まったもの。その際、観光浮揚の糸口として、鮫島さんは子ども

オッノコンボの仕上げに余念がない鮫島さん夫妻

の頃の記憶に鮮明に残っていたオッノコンボを思い出し、復活させた。

控えめのトシ子さんは金平さんの作業を横で手伝いながら見守る。工房は二人のゆったりした時間が流れる。

しかし、道のりは平坦ではなかった。金平さんは10年前に肺を15時間かけて手術するという大病を患った。潮時だろうと引退も考えた。だが毎年楽しみに初市を訪れる常連客の顔が浮かび、「何度倒れても起き上がるのがオッノコンボ。これを絶やすことはできない」と、気付けば工房に向かっていた。

照国神社の縁起初市が間もなく始まる。鮫島さん夫妻が思いを込めた幸福の守り神が今年も並ぶ。

大浪池（おおなみのいけ）の厳冬絶景

2018年1月29日

霧島市

〈晴れ〉
最高 3.9℃・最低 -3.7℃

「昨年秋の忘れ物を探しに」

そんな気持ちで、先日雪に覆われた霧島の大浪池登山口に向かった。毎年秋に登山客の目を楽しませてくれる見事な大浪池の紅葉が、昨年は新燃岳噴火に伴う降灰の影響でお預けとなったからだ。それならば冬景色を是非カメラに収めようと、天気を吟味して出掛けてみることにした。

目的は霧氷（むひょう）の撮影。霧島とは言え、冬山登山はあなどれない。慣れない私たちは、冬型が緩み青空がのぞいて風も弱まるタイミングを狙った。

登山口に向かうと駐車場は登山客で満車だった。重装備で登り始めたが、手元の温度計は氷点下5度。ペースも考え、100ｍごとに休憩を取った。いつもは比較的容易な登山コースだが、機材を背負いながらの雪山登山には往生した。

しかし、周りは銀世界に包まれ、耳を澄ますと静かに流れる風の音と、遠くでシカの鳴き声が。

登り始めて1時間。空が開けたと思ったら突然、青く氷結した大浪池が目前に現れた。周囲は真っ白な霧氷が取り囲み、奥には雪化粧した韓国岳（からくにだけ）がそびえる。想像以上の荘厳な光景にしばらく言葉も出ず、厳冬の絶景を独り占めした。

霧氷に囲まれた霧島連山の大浪池（2018 年 1 月 13 日撮影）

霧氷は、空気中の霧が樹木に付着して凍り付いたもの。気温が下がる過程の気象条件や樹木の種類によって、霧氷のでき方が違う。大浪池周辺でも、枝に帯状に成長したものや、ふっくらとした綿菓子みたいな霧氷など、まるで白銀の世界が織り成す造形美術館だ。

今年の冬は一度寒気が南下すると、しばらく居座る傾向にある。大雪は、便利な社会に慣れた私たちの生活を直撃する。しかし文明が手付かずの場所では、あるがままの自然の営みを楽しむことができる。時にはそんな空間で、五感を研ぎ澄ます極上のひと時を噛みしめるのもいい。

Column❶

桜島降灰予報今昔

晴れていた空が突然暗くなる。雨かと思いきや、桜島の火山灰だ。道行く人は口にハンカチを当て、街はあっという間に灰神楽（はいかぐら）に。

他県の方からは「この世の終わりか」と思えるほどの光景だろうが、鹿児島では日常の風景だ。

灰まみれの車が普通に走っていても、気にならない。ほかの車も同様に汚れているからだ。洗車場は長蛇の列で、忙しく走り回る洗車スタッフは灰、いやハイテンションで対応に追われる。住んでいる住民にとっては、ドカ灰（大量の降灰）はやはり辛い。

現在鹿児島では、桜島（最近は霧島も）が噴火した場合の降灰の方向やエリアを天気予報で伝えている。そして実際に噴火して「やや多量」以上の降灰が予想されると、詳細な降灰量の分布などが発表される。技

桜島の灰が積もった駐車場の車

灰が降ると交通に支障が出ることも

術革新により発表される情報も充実してきたものだ。

　桜島上空の風の予報を初めてシステム化してテレビで放送したのは、私どもＭＢＣ南日本放送だった。開発したのは私の先輩で、当時放送技術者だった白石巌さん（64）。昭和58年頃、ちょうど桜島の南岳が連日のように活発な噴火を繰り返していた時分だ。白石さんは、日本気象協会と協力して、気象台が発表する鹿児島市上空１５００メートルの風の予測が、高さ１１１７メートルの桜島の上空の風とあまり変わらないことに着眼し、パソコンで画像化することに成功した。

　先日話を伺うと、「降灰で毎日辛い思いをしている県民のために、なんとか役立つ情報を届けたい。その一心だった」と振り返った。その思いは、新たな気象情報コンテンツとして結実し、現在に至っている。

　県民の生活に寄り添う情報を届けたいという情熱から始まった降灰予報。元気な桜島にはかなわないが、放送人としての先輩の志を受け継ぐとともに、降灰予報を賢く役立てたい。

噴煙を上げる桜島

南国の太陽を浴びる奄美大島のハイビスカス

第2章　お天気よもやま話

秋の恋愛と気象

秋の歌は、恋の終わりを描いた曲が多い気がする。

私の世代ではオフコースのほか、岩崎宏美の「思秋期」、松田聖子の「風立ちぬ」あたりが頭に浮かぶ。秋は恋愛にひびが入りやすい季節なのか。

確かに秋は日照時間が短くなり、二人でいる時間も少なくなりがちだ。夏休みの若者は、花火大会や海水浴などデートの時間も多かったが、秋は夏より活動的な接触時間が少なくなる。夏は肌も露出して気持ちも高揚するが、涼しくなる秋はテンションも落ち着き、恋愛もクールに考えるようになる。私の確信のない想像だが…。

摂南大学の牧野幸志准教授らの恋愛関係に関する研究によると、男性が女性から別れ話を切り出されるのは9月が最も多いらしい。

でも悲観する必要はない。秋は日が短いが、夜長を楽しめる。今はスマートフォンやSNSの時代。現代風のつながり方を大切にして恋を育んでほしい。失恋も糧にできれば、人としての懐を深める秋になるはずだ。

2016年9月11日

鹿児島市

〈晴れのち曇り〉
最高 32.1℃・最低 23.9℃

リチャードソンの夢

イギリスの数学者で気象学者のルイス・フライ・リチャードソンは、1920年ごろ、計算によって天気は予想できると考えた。彼は、世界地図に縦横の線を何本も引き、風や気温などの時間的変化を机上の計算によって予報を試みた。

しかし、6時間先の天気を計算するのに、1カ月以上もかかってしまった。計算間違いもあって、彼の予報は完全に外れた。誤報、あるいは〝後報〟だった。

それでも彼は、「6万4000人を一堂に集め、一斉に計算すれば天気の予報は夢ではない！」と豪語した。周囲は彼を変人扱いしたに違いない。それ以来、この逸話は「リチャードソンの夢」として語られるようになった。

だが「夢」は30年後に実現する。1950年代には、コンピューターによる数値計算により、天気予報が発表されるようになった。

現在の天気予報をリチャードソンが見たらどう思うだろうか。「ほら、僕の考えた通りだろう？」と言って、ニヤリとしただろう。

2014年5月26日
鹿児島市
〈雨〉
最高 23.8℃・最低 18.6℃

巨大風船に願いを込めて

2014年7月26日

鹿児島市

〈晴れ〉
最高 35.7℃・最低 26.9℃

鹿児島地方気象台の屋上から、白い巨大風船がゆらゆらと上昇していく。これは「ラジオゾンデ」という高層気象観測で、風船は午前9時と午後9時に放たれる。

この観測は、鹿児島を含む全国16カ所の気象官署と南極の昭和基地で実施している。同刻に世界900地点で実施され、地球全体の大気の状態を把握している。

風船には水素ガスが詰められ、観測器を収めた小箱がつながっている。地上から約30キロ上空までの気圧、気温、湿度、風向、風速を観測する。

地上では直径約1.6メートルの風船も、高度30キロになると気圧が低いために直径は8メートルほどに膨張し、やがて破裂してパラシュートでゆっくり落下してくる。

台風の暴風雨の時は3、4人がかりでスクラムを組み、自身が飛ばされないように放球する。風船は暴風にあおられ大暴れし、放った瞬間、ビューッと真横に飛んでいくことも。

減災への願いが託された巨大風船による観測。まさに命がけだ。

雨雲を監視する〝電波の目〟

気象情報でおなじみの「気象レーダー」は、雨雲や雪雲に電波を放ち、その電波が反射してくる時間や強さを測ることによって、雨や雪の様子を捉えるものだ。気象衛星、アメダス（地域気象観測システム）とともに気象観測の〝三種の神器〟と呼ばれる。

全国に20カ所あり、国内の気象レーダー第1号は１９６４年に完成した富士山レーダーだ（１９９９年に廃止）。設置された背景には、１９５９年の伊勢湾台風（死者・行方不明者約５０００人）の悲劇を繰り返すまいという社会的要請があった。

先日、種子島レーダーを訪れた。巨大なバレーボールのようなレーダードームに収められたアンテナが、昼夜を問わず回転しながら5分間隔で観測し、半径３００キロをカバーしている。

気象レーダーは、戦時中の対空レーダーに雨の様子が映ったことが開発のきっかけとされ、元は軍事技術だった。将来は、現在予測困難な「ゲリラ豪雨」を克服し、大雨災害の抑止に一層貢献することを期待したい。

2015年11月4日

種子島

〈晴れ〉
最高 13.4℃
最低 8.7℃

火山の聴診器を守る

2017年12月5日

霧島市

〈曇り〉
最高 6.6℃・最低 0.8℃

先日、鹿児島地方気象台が設置している新燃岳火口の監視カメラのライブ映像が突然停止した。気象台に問い合わせたところ、「観測装置の電源である太陽電池パネルに新燃岳の火山灰が積もって発電できない状態。直ちに職員を向かわせて保守を行う」という。

現地は大量の降灰や火山ガスの危険性がある。職員は観測復旧のために、過酷な条件のもと現地に向かう。

観測装置の保守を担当する鹿児島地方気象台の小窪則夫予報官（50）。小窪さんによると、現地には徒歩で行くことが多く、重い装置や工事用の水、太陽電池パネルなどを背中に担いで登るという。夏は天気の急変と雷に警戒しながら、冬は強風にあらがい、這（は）うようにして観測点を目指す。

小窪予報官は、「機器の保守は、観測の目と耳を守ること。〝火山の聴診器〟をいつも最良の状態に保つことが私たちの仕事ですから」と話す。気象台職員の使命感には頭が下がる。

金髪の魅力

輝く金髪をなびかせ、さっそうと街を歩く西洋人女性。その金髪がかつて、気象観測の〝部品〟として大変重宝されていたことはご存知だろうか。「毛髪湿度計」というもので、気象庁では昭和40年代までは現役だった。湿度に合わせて伸縮する毛髪の性質を利用したものだ。黒髪より金髪が湿度変化に敏感で、特に若い女性の髪が伸縮率が大きく精度の高い観測ができるという。

福岡管区気象台で見せていただいた。「感部」には髪の毛が数十本束ねてあり、湿度の時間的な変化を回転式の記録紙に刻む仕組みだ。観測機器の電子化が進んだことなどから現役を退いた。

昔の人は「櫛(くし)が通りにくくなると雨が降る」とよく言っていた。髪の毛が天気のわずかな変化に敏感に反応することは興味深い。しかし、毛髪で観測装置を作り上げた先人の奇想天外な発想にはもっと驚く。

ちなみにこの毛髪湿度計、手入れは市販のシャンプーでしていたそうだ。

2015年11月4日

福岡市

〈晴れ〉
最高 22.8℃
最低 10.6℃

風力発電の先進地 鹿児島

南さつま市坊津町で、唐時代の僧・鑑真の足跡をたどるウォーキングに参加し、リアス式海岸の風景と清々しい春風を満喫した。

目を引いたのは、山の頂に連なる風力発電のプロペラだった。鑑真もこの風に乗って唐の国から坊津にやってきたのだろうと想像の翼を広げた。大陸から文化と知識を運んできた風が、今はエネルギーを生み出す資源として注目されている。

鹿児島の風力発電の設置基数は、国内では北海道、青森に次いで3番目。三方を海に囲まれ、季節を問わず風の恵みを享受できることと、広大な土地、そして地元住民の再生可能エネルギーへの理解が理由だろう。

太陽光発電と違い、風さえ吹けば夜でも発電可能だ。原子力発電のように事故で甚大な影響を広範囲に及ぼすこともない。

プロペラが回る際の騒音等の課題はあるが、人や生態と共存できる範囲で、無限のクリーンエネルギーを後押しする「風」がますます強くなることを期待したい。

2015年3月18日

南さつま市

〈晴れ〉
最高 22.4℃
最低 18.0℃

ありがたくない風物詩

2015年11月22日

鹿児島市

〈曇り時々雨〉
最高 21.4℃・最低 18.4℃

桜島と澄み切った青空、それを鏡のように映し出す錦江湾は、まるで巨大なキャンバスに描かれた誇れる鹿児島の風景だ。

しかし冬を迎えると、大陸から微小粒子状物質「PM2.5」などの汚染物質が偏西風（上空を流れる西風）に乗ってきて上空を覆い、空がかすむことがある。

最近は、PM2.5の分布予想という新たな気象情報も生まれた。偏西風が強まる季節になると空がかすんでしまうというのは、ありがたくない風物詩だ。

「中国都市部の交通警察官の平均寿命が43歳」と、中国の通信社の記事。短命の理由は、自動車の排ガスを吸うことによる劣悪な職場環境が関係しているという。

北京では今年9月、抗日戦争勝利70年の式典が行われた。中国当局は式典の目玉であるパレードの背景を青空にするため、北京周辺の工場の操業を止めさせた。北京市民は、人為的に演出された青空を「パレードブルー」と呼んだ。しかし作られた青空は長続きせず、2週間後には「北京グレー」に戻った。

別の意味で特異日

2017年11月26日

鹿児島市

〈雨〉
最高 14.3℃・最低 11.4℃

鹿児島市で南九州最大のお祭り「おはら祭」が開かれる11月3日は、晴れの特異日とされており、統計的に晴れることが多い。だが今年は雨だった。

ＭＢＣの増永吉亨（よしゆき）気象予報士が前日に出した予報は「曇り」。雨のエリアは、種子島・屋久島以南で、鹿児島市など県本土は北風が強いために曇りで、雨雲は北上しないという見解だった。

しかし実際は北風が弱く、予想以上に南から雨雲が北上した。鹿児島市でも雨が降り、祭りの参加者もずぶ濡れになった。

増永予報士に同情する。秋は天気の変化が早く、時間的、空間的なずれによって予報が外れることも多いからだ。

予報士は、予報が外れた日も出演がある。テレビの前で憤慨する視聴者のことを思いながら、予報の限界を含め、外れた理由を丁寧に説明することが求められる。

晴れの特異日に予報を外すと、それなりに対応も忙しく、予報士にとっては、別の意味で〝特異日〟となる。

湿度0%の潤いの島

「湿度0%」、そんなことがあり得るのか。

気象庁の記録によると、国内で過去に一度だけ湿度0%を観測した場所がある。それは「月に35日雨が降る」と言われるほど雨が多く潤いに満ちた島、屋久島だ。

九州最高峰の宮之浦岳を擁する屋久島は「洋上アルプス」と称される。亜熱帯植物から高山植物の稀有な植生の垂直分布が評価され、1993年に世界自然遺産に登録された。

その屋久島で、1971年1月19日7時38分に湿度0%を記録した。国内の観測史上最小湿度となっている。

当時の天気図を見ると、冬にも関わらず、かなり暖かい空気を持った乾燥した高気圧が九州南部の上空にあり、その暖かい乾燥した空気が上空から下降してきたために地表付近で湿度がぐっと下がり、湿度0%を記録したと考えられる。

気象は時として稀な現象を引き起こす。屋久島のような雨の多い潤いの島も、カラカラの乾燥した日が突然現れることもある。

2016年2月14日

屋久島

〈晴れ時々雨〉
最高 21.4℃
最低 9.7℃

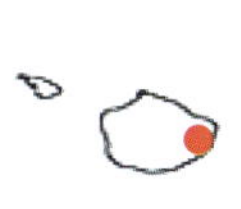

桜島にはかなわん

2016年7月27日

桜島

〈曇り時々晴れ〉
最高 33.3℃
最低 26.5℃

桜島の昭和火口が爆発し、観測史上最高に並ぶ5000メートルまで噴煙が上がった。深夜の爆発だったが、高感度カメラでは巨大花火のような爆発の様子を詳細に捉えていた。

噴火後、まず気になるのは降灰による生活への影響だ。視界不良や交通、農作物の管理や洗濯物に注意が必要だ。

航空機への火山灰予報もある。世界9カ所に航空路火山情報センターが設けられており、カムチャツカ半島から東南アジアにかけては、日本の気象庁が担当している。航空機はセンターからの情報をもとにルートを変更したり、迂回するための燃料を余計に積んだりする。

桜島の降灰は気圧配置に左右される。冬場は北西の季節風によって大隅側に灰が降ることが多いが、夏場は太平洋高気圧からの南東風によって鹿児島市側に降る傾向にある。

多量の灰をまき散らしながらも、どこ吹く風で悠然と構える桜島。その武骨な姿が魅力でもある。おまんさー（あなた）には、やっぱりかなわん。

待ち焦がれた初日の出

2016年1月9日

口永良部島（くちのえらぶじま）

〈晴れ〉
最高 14.1℃
最低 10.6℃

去年、火山の噴火によって全島民が避難した口永良部島。2016年元日の朝を迎えた。

年末に念願の帰島が叶（かな）い、島民137人中40人が帰島した。住み慣れた島で迎える新年をどれほど待ち焦がれただろう。

午前7時半ごろ、希望の初日が静かに昇ってきた。年末から島民を取材していたMBCの末廣龍矢カメラマンは、神々しい新春の陽光に思わずシャッターを切った。島にこだまする子どもたちのにぎやかな声に、復興の底力を感じたという。

島で民宿を経営する貴舩森（きぶねもり）さん（43）は、「穏やかな初日の出を拝めた。噴火の不安は残るが、とにかく従来の普通の生活をしたい。ただそれだけ」と話した。

島の湯向（ゆむぎ）集落には小学生が書いたこんな立て札がある。「口永良部島　雪は降らぬが星が降る」と、口永良部島の自然を巧みに表している。こんな安穏な島に災いが降るのはもうごめんだ。今年は申年。災いを取り〝サル〟一年になりますように。

クスノキの巨樹に学ぶ

2015年5月29日

姶良市

〈曇り時々晴れ〉
最高 27.5℃・最低 20.5℃

初夏の木漏れ日を楽しみながら散歩すると、クスノキの緑がひときわ目を引く。クスノキといえば鹿児島県の県木。環境省によると、国内の巨木10本のうち6本はクスノキだ。うち5本が九州にあるというのも興味深い。

姶良市の蒲生八幡神社の大クスは、幹回り24・2メートルと日本一だ。樹齢1500年の神々しい巨樹を目前にすると、体が包み込まれるような錯覚に陥る。

クスノキは長い年月をかけて巨樹になることから、「楠学問」という言葉がある。進歩は遅いが、着実に成長し学問を大成させるという意味だ。

対義語は「梅の木学問」。成長は早いが学問を大成させないで終わるという意味らしい。

学業の成績を上げようと、受験のテクニックのみに走ったり、その場しのぎの丸覚えではなく、納得いくまで時間をかけて考え抜く学びが肝要だと思う。

その方がクスノキのように耐性が高く、将来「幹回り」の大きい人間に育つかもしれない。

空に三つ廊下

お天気に「空に三つ廊下」という言葉がある。「降ろうか」「照ろうか」「曇ろうか」の「ろうか」を「廊下」にかけたシャレだが、天気がはっきりしない時に用いる。

特に梅雨に入りたての頃は、予報が外れやすく、天気もしっかり定まらない「三つ廊下」の毎日が続く。

梅雨の雨の降り方は様々なパターンがあるが、一般的に中盤になると雨の降り方が〝シトシト型〟から〝ザアザア型〟になる。そして、梅雨末期は豪雨に警戒しなければならない。

なぜ梅雨末期は災害が起きやすいのか。それは夏を前に太平洋高気圧の勢力が強まり、南から大変湿った空気が勢いよく流れ込むことと、降り続く雨で地盤が緩んでいるからだ。

梅雨時期の予報は大変難しく、気象予報士も手を焼く。大量のデータと格闘して解析を試みるが、データには誤差などが含まれ、大気の実像を十分捉えきれないからだ。

梅雨は、予報士にとって判断の悩ましい〝心の三つ廊下〟も続く。

2015年6月14日

鹿児島市

〈大雨（雷を伴う）〉
最高 23.7℃・最低 19.6℃

初夏はお向かいから

2017年5月2日

鹿児島市

〈曇り〉
最高 24.9℃・最低 16.1℃

毎朝玄関を出て、まず目に飛び込んでくるのは、お向かいの華やかな季節ごとの花々だ。庭の手入れに余念がないのは、鹿児島市向陽の武下敏一さん（74）と隆子さん（72）夫妻。

この時期は様々な品種のツツジが見頃で、奄美出身のお二人は、特に沖縄や奄美が原産のケラマツツジの開花を楽しみにしている。

敏一さんが庭木の植栽を本格的に始めたのは、教職を定年退職して自宅を構えてから。多忙な仕事と相次ぐ異動から解放され、定年後はゆっくり花を愛でながら過ごしたいと、季節ごとに楽しめる木や花を隆子さんと自宅の庭に植え始めた。

「世話した分だけ、必ず応えてくれるのが庭の花や木々。これからも心ある生き物として接しながら、私自身も魂を込めたい」と敏一さんは抱負を語る。

私もおかげで、毎日鮮やかなツツジを愛でさせていただいている。夫妻の仲睦まじさと植物への愛情が、花の美しさを一段と引き立たせるのであろう。

スギを責めすぎないで

2015年2月27日

鹿児島市

〈晴れ時々曇り〉
最高 15.1℃・最低 5.9℃

スギ花粉は、前年の夏の日照時間が長く高温だと、翌春の飛散量は増える傾向にある。

全国的にスギやヒノキが植えられたのは、戦後に落ち込んだ日本経済を立て直すため。その結果、日本の森林面積の実に3割がスギやヒノキの人工林となった。

その後、安い外材の輸入で、コストがかかる山の管理は難しくなった。スギは植栽後30年ぐらいで大量に花粉を飛ばすようになるため、高度成長期あたりから大気中の花粉量が急激に増加した。

花粉症の方には申し訳ないが、私は花粉症のニュースや関連グッズのCMを見る度に、スギが悪者扱いされているようで気の毒になる。

花粉症は経済合理性が優先され、山を放置したツケが回ってきた結果だ。スギは私たちの生活と深くかかわっており、屋久島では神木としてあがめられてきたことを忘れないでほしい。

花粉症持ちでない私が言っても説得力がないが、「スギを責めスギないで！」と、ちょっとスギの気持ちを代弁してみた。

人事を尽くして天命を

2018年2月12日

鹿児島市

〈雨時々雪〉
最高 5.5℃・最低 0.7℃

鹿児島では平年より8日も早く、うめの開花が発表された。ただこの冬は寒気が居座り全国的に寒い日が続いている。まだまだ春は名のみだ。

受験を控えた娘の合格祈願にと、鹿児島市伊敷（いしき）町にある梅ヶ渕（うめがふち）観音に出掛けた。お堂に着くと、そこには真剣な面持ちの受験生や家族が途切れることなく祈願に訪れていた。

壁には所狭しと合格祈願の絵馬が並び、希望の高校や大学の合格を祈る切なる願いがつづられている。「観音さま、お願い。全てやりました。今年こそ！」「この春は両親を喜ばせてやりたい」など、受験生を抱える親にとっては、心を揺さぶられるものがある。

お堂の前方に鎮座する観音像は、少し笑みをうかべたような表情。「人事は尽くした。あとは天命を」と手を合わせる祈願者を優しく見つめる。

寒い冬が終わると、春の陽光はすぐそこだ。受験生の皆さんは体調管理をしっかりして、天命を自ら手繰（たぐ）り寄せてほしい。

鹿児島の未来図を描け

2015年5月1日

鹿児島市

〈晴れ〉
最高 25.7℃・最低 18.1℃

初夏になると、夏に向けて気圧配置も変わり始める。この時期、〝職場の気圧配置〟も変わる。新入社員のはつらつした笑顔のせいか。

新入社員に老婆心ながら、気象に例えたアドバイスを贈ろう。

まず、職場の気圧配置に徹底的にもまれてほしい。時には個性のある高気圧同士が激しくぶつかり合って、職場が大荒れになることもあるだろう。でも激論を重ねるほど、磨かれた番組ができるもの。暗いニュースも君の心の太陽で、明るく照らすことができるかもしれない。

ただ精一杯努力しても前線に阻まれて、雨の日が続くこともある。どうしてもつらくなったら、先輩の傘の下で雨宿りをすればいい。止まない雨はないから。

鹿児島を盛り上げるために、若い力で県民の暮らしの一部となるローカル放送局を一緒につくっていこう。上昇気流をいち早くつかみ取って、会社の〝台風の目〟になってほしい。鹿児島の未来の天気図を描くのは、君たちだ。

暖冬で干し柿も受難

2015年12月6日

鹿児島市

〈雨〉
最高 11.8℃・最低 8.9℃

「柿が赤くなると医者は青くなる」ということわざがある。柿はビタミン豊富で風邪の予防に役立つと言われ、柿の季節には患者が少なくなるという意味だ。

鹿児島市真砂本町（まさごほんまち）の桃北ハル子さん（69）は、10年前から近所の果物屋で毎年200個ほどの渋柿を買い求め、干し柿作りにいそしんでいる。自宅の軒先に干して2週間ほど寒風にさらすと、渋味が抜けて甘い干し柿に仕上がる。

しかし、今年は天候の異変にさいなまれた。例年同様に干した柿は、すぐに黒いカビのようなものが付着した。仕方なく半分を処分した。「夜なべして皮むきしたのに」と、悔しさを隠せない。原因は、このところ暖かくて湿っぽい日が続き、柿の乾燥が不十分だったからだ。

桃北さんは今度こそと、今年2回目の干し柿を仕込む。「気象台が近くなので、寒くしてくださいとお願いに行こうかな」と、桃北さんは冗談を放ちながらも、うらめしそうに暖冬の空模様を見つめる。

我が家の春一番

2018年3月16日

鹿児島市

〈晴れ時々曇り〉
最高 19.8℃・最低 11.9℃

九州南部と奄美地方に春一番（春先に吹く南寄りの強い風）が吹いた。

春一番の目安は、立春から春分までの間に、低気圧が発達して８ｍ以上の南風が吹き、気温が上がること。

我が家は、庭先のサクランボの開花が春を運んできてくれる。この木は、大学４年生になる息子が生まれた時の記念樹として、鹿児島市の「春の木市」で買い求めたものだ。毎年、春一番が吹くころに開花を迎える。春風に揺れる花を見ていると、さだまさしの「案山子」ではないが、東京で一人暮らしの息子を気に掛ける。

果実が真っ赤に実るのは5月下旬ごろ。今年は例年より花数が多くて豊作を期待しているが、同時に食べごろの実をついばむためにやってくるヒヨドリとの争奪戦も始まる。以前は子供らと必死になって厄介な来客を追っ払っていた。

我が家のサクランボは小ぶりで、決して「赤い宝石」とよばれるような立派なものではない。しかし小さな果実に詰まった家族の思い出の味は、どんな宝石にも勝る。

天気が歴史の転機に

2015年5月26日

鹿児島市

〈晴れ〉
最高 28.8℃・最低 17.3℃

　人々の行動を左右する天気。時には歴史の分水嶺（ぶんすいれい）になったことも。

　織田信長が今川義元を破った桶狭間の戦いでは、気象が大きく関わったという。合戦は梅雨時期の6月。突然暴風雨が接近し、織田軍は雨雲が過ぎ去るのをじっと待った。後に雨が上がり、雨雲が今川軍の陣地がある方へ移動した瞬間を見極めた織田軍は、一気に攻撃を開始し、10倍の軍勢を誇る今川軍に勝利した。天気をも味方につけた信長の俊敏な判断力だ。

　イギリス艦隊が錦江湾に攻め込んできた幕末の薩英戦争。戦火を交えた日の鹿児島は、台風の暴風雨にさらされていた。薩摩藩より攻撃力に勝るイギリス艦隊であったが、荒天で照準を定められず苦戦を強いられ、退却を迫られた。台風は薩摩藩にとって〝神風〟となったが、列強の威力を見せつけられた。

　あの時代に現在のような科学的な予報技術があって、それをもとに戦いが展開されていたらと、空を見上げながら想像を巡らせた。

青海苔（あおのり）が大ピンチ

2016年2月21日

鹿児島市

〈晴れ〉
最高 13.9℃・最低 6.0℃

「もう、ばったいじゃ（どうしようもない）」と、無念さをにじませるのは、鹿児島市喜入で青海苔を養殖して20年の山崎力さん（71）。収穫の最盛期を迎えたが、今シーズンは壊滅状態だという。

青海苔は11月ごろ県北部の長島町で海苔網に種を付ける。それを喜入の海岸に広げ、網の高さを手作業で調整しながら自然任せで養殖する。海水がもたらす養分や適度な水温が、香り高い青海苔を育む。

しかし昨年12月は、記録的な高温で錦江湾の水温が上昇。海苔の種が傷み、成長が著しく鈍った。そのため収穫は、例年のわずか1割ぐらいにとどまる見通しだ。生産者の中には青海苔で生計を立てている方も多いという。

青海苔はミネラルやビタミンが豊富。昆布やワカメと並んで「海の野菜」ともいわれる。大ピンチの喜入の青海苔を何とかできないものだろうか。寒い海で途方に暮れる生産者の姿が脳裏に浮かぶ。

太陽は自然界の総監督

2015年8月4日

鹿児島市

〈晴れ〉

最高 33.6℃・最低 25.4℃

天気予報の仕事に携わると、太陽の偉大さを思い知らされる。雨や風、台風や青空の色まで、全て太陽が関わっている。

太陽の照りつける角度の違いで、赤道付近はとても暖かくなり、北極・南極は寒い。この気温の違いが気圧の差を生み、高気圧から低気圧へと風が吹く。風は水蒸気を運んで雲を発生させる。雲は上空で冷やされて恵みの雨をもたらす。

雲が塊（かたまり）となって大規模な回転を始めると台風になる。台風のエネルギーは大量の水蒸気。その水蒸気が太陽の熱によって海水面から蒸発して供給されるために、台風は10日以上も活動を維持できる。気象現象は太陽を起点にして全てつながっているのだ。

気象キャスターの倉嶋厚さんの言葉を借りると、「お天気をドラマに見立てれば、水は主演俳優、風は演出家、そして太陽は総監督だ」。私たちは自然を支配する〝総監督〟の偉大な力から恩恵を受け、そして、時におびえている。

雲の上は〝造形美術館〟

2016年6月27日

鹿児島市

〈雨〉
最高 22.9℃・最低 19.4℃

飛行機に搭乗するとき、できるだけ窓側に座ることにしている。窓から見える雲を楽しむためだ。長距離の飛行では、雲の様子が多様に変化し、予報士心をくすぐる。

先日、梅雨明けした夏空の沖縄から、梅雨真っ最中の鹿児島へフライトした。

雲一つない那覇空港を離陸し奄美大島が近づくと、上空の薄い雲が広がってきた。気象衛星の雲画像の通りだったが、実際に横から見ると、パイ生地のような薄い雲が何層も重なっていた。

屋久島付近まで北上して梅雨前線が近くなると、雲が次第に厚みを増し、湧き立つように盛り上がる積乱雲の卵がいたる所に見受けられた。

さらに巨大な積乱雲にじっと目を凝らすと、雲がウサギや雪だるまに見えたり、アニメのキン肉マンの顔に似ていたりと、「プスッ」と笑いが込み上げてくる。

ふと我に返ると、飛行機は着陸態勢へ。自然が織り成す〝上空の造形美術館〟の悦楽で、長い飛行時間もあっという間だ。

干潟の楽しみ招く シオマネキ

南さつま市の万之瀬川（まのせがわ）河口の干潟に出掛けた。よく目を凝らすと、数え切れないほどの白い点々が一面に群がっていた。体長2センチぐらいの小さなカニたちが、ハサミで「こっち来い」と招くようなしぐさをしている。正体は絶滅危惧種のハクセンシオマネキだ。

大きなハサミを持つのはオスのみで、招くしぐさはメスに対する求愛行動。6月から8月にかけてこの付近の干潟で見られる。時にはメスをめぐって、オス同士の激しい争いも繰り広げられる。

ちょっとおじゃましてカメラに収めようとしたが、とにかく敏感な生き物。人の動きを察知すると、一斉に穴の中へ。夏至前の強い日差しの中、撮影には苦労した。相手が穴から出てくるのをじっと待ち、離れた場所からリモコンでシャッターを切る。まさに我慢比べだ。

しぐさがユニークなハクセンシオマネキ。潮招くだけでなく、私たちを自然環境に寄り添う世界へと招いているようだ。

2016年6月14日

南さつま市

〈晴れ〉
最高 28.5℃
最低 21.5℃

気象神社を訪れて

2016年11月27日

東京

〈曇り時々雨〉
最高 13.8℃
最低 8.6℃

数多くある神社の中で唯一、お天気を祈願する神社がある。その名も「気象神社」。気象予報士なら一度は訪れておくべきだろうと、先日足を運んだ。

気象神社は、東京・杉並区のＪＲ高円寺駅から歩いてすぐの氷川神社の境内に、末社として鎮座している。社殿は小ぢんまりしているが、伊勢神宮と同様の「神明造り」と呼ばれる古い神社建築様式だ。喧騒な市街地にありながらも、緑に囲まれて落ち着いた雰囲気。

境内に入ってまず驚いたのは絵馬の形だ。お天気の神社らしく下駄の形をしている。

願い事もバラエティーに富む。「脱・雨男、雨女」が最も多く見受けられたが、「結婚式は晴れますように」「息子の受験日に天候が安定しますように」「もうアメフラシとは呼ばせない！」など切実な願いをしたためた絵馬がびっしりと連なる。

師走を前に私の願いも絵馬に込めた。「来年こそ災害の少ない鹿児島に」と。

Column❷

鹿児島の台風予報、まずは体力

鹿児島は台風が接近すると、だいたい2泊3日は付き合うことになる。鹿児島の気象予報士が他県の予報士と違うのは、とにかく台風対応が多くて長いことだろう。

鹿児島では、与論島が強風域に入るころから気象予報士も台風態勢に入り、終夜放送で台風情報を伝え続ける。奄美、種子島・屋久島、そして県本土を通り過ぎるまで情報を伝えるため、複数の予報士が交代で対応する。局に泊まり込み、予報してるか寝てるかの生活だ。まさに「体力勝負」だが、台風接近時は南北600キロの鹿児島の広さを痛感する。

台風が鹿児島を北上するころは、まだ太平洋高気圧の周辺の緩やかな風に流されるため、速度もゆっくり。次第に北上し、九州を過ぎるころになると、速い

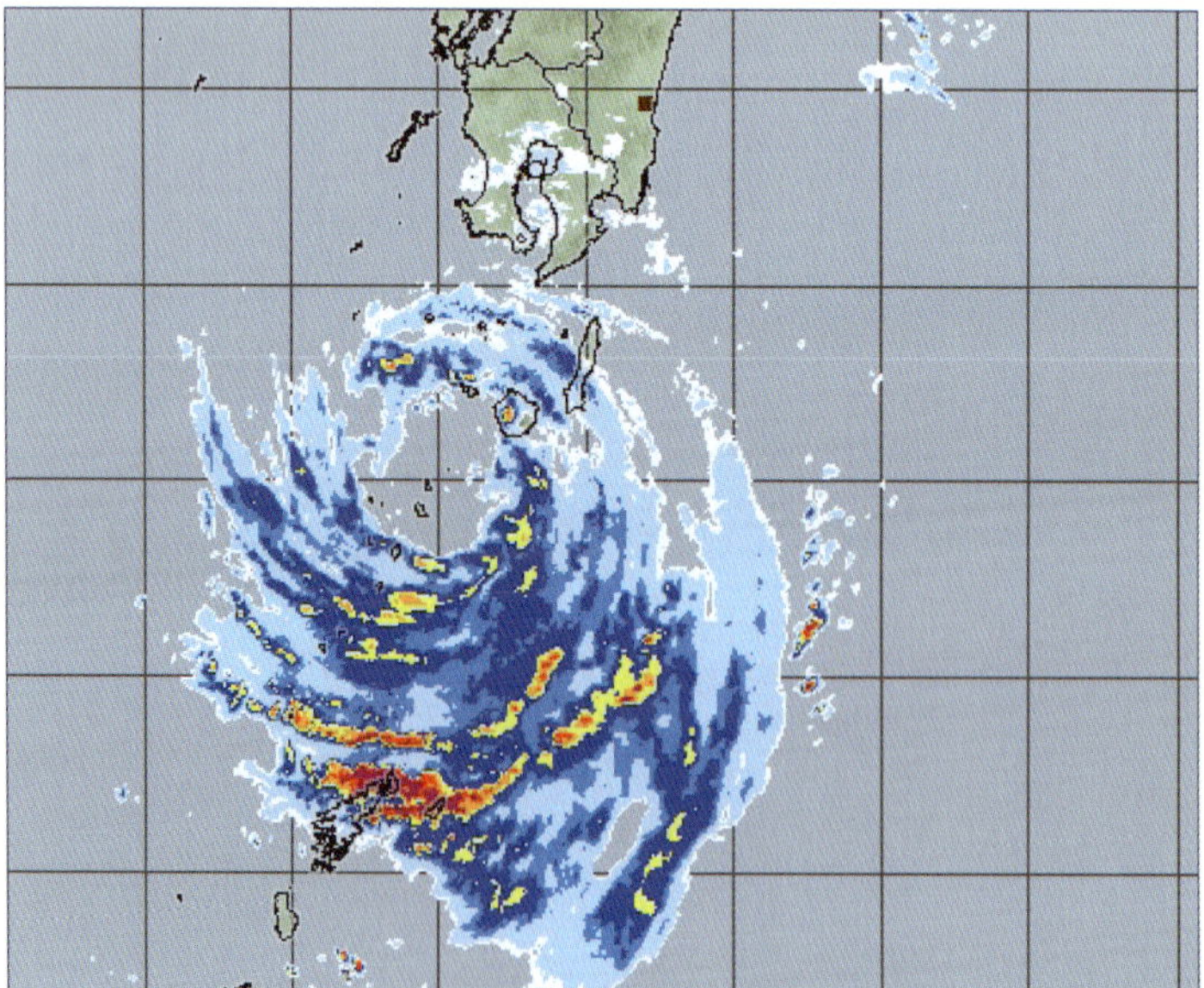

19日間の長寿台風だった2017年の台風5号の雨雲レーダー（提供：気象庁）

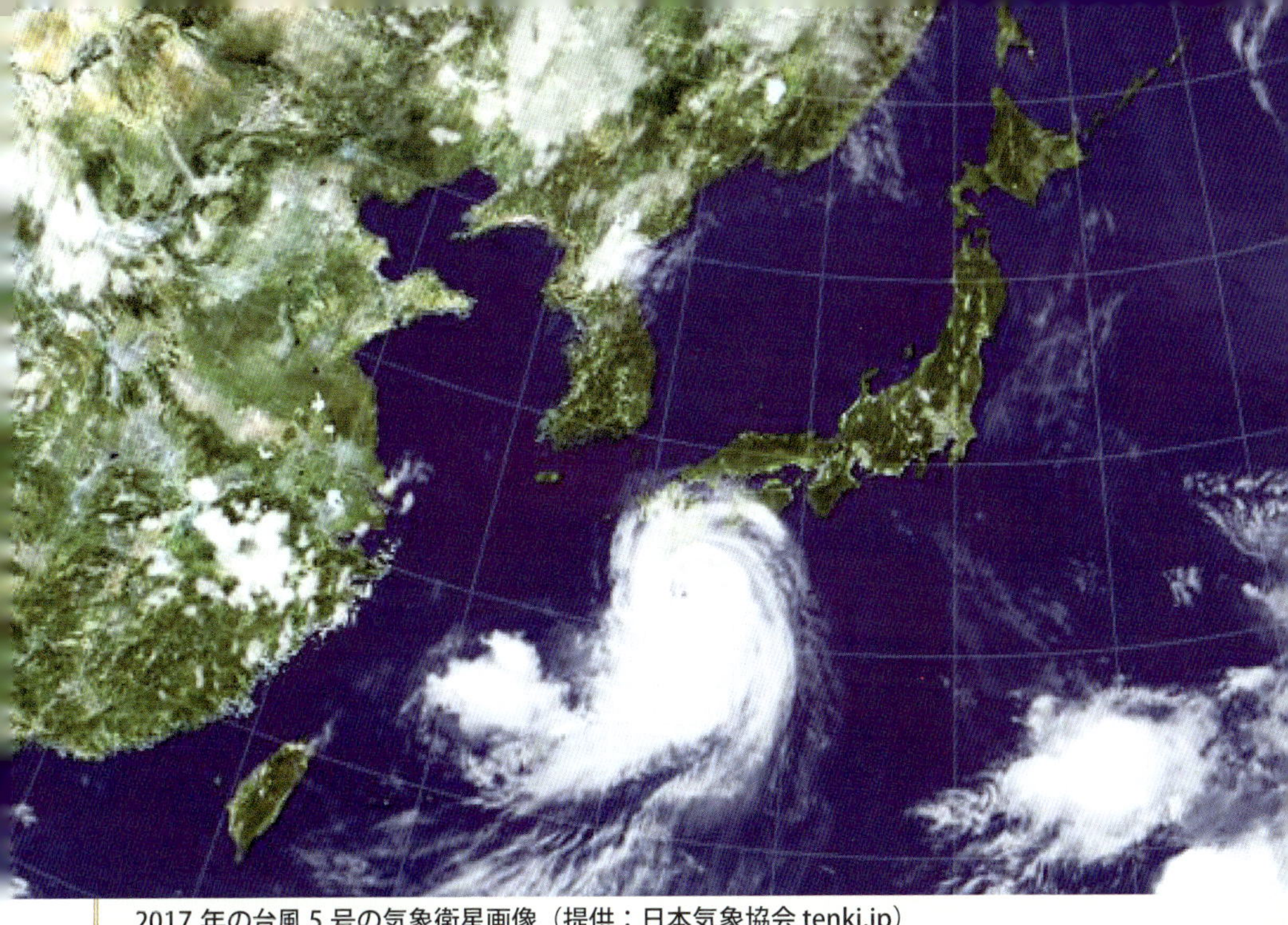

2017 年の台風 5 号の気象衛星画像（提供：日本気象協会 tenki.jp）

ジェット気流に乗るために台風はようやく加速する。

台風が接近する際にいつも警戒しているのは、周りが海で囲まれているため、暖かい海水温の影響で、勢力を増強させながら接近してくることだ。

また、海上は観測点がほとんどないため、陸地に接近して風速や雨量がアメダスなどで実測されて、ようやく台風の実態がつかめることもある。

台風が近づくと予報士は緊張感が高まるが、同時に体調を整え、体力を十分蓄えて台風に臨む。そういえば10個の台風が日本に上陸した悪夢の2004年は、8月から9月は毎週のように台風と格闘していた。

また2017年の台風5号は、最長寿記録に迫る19日間にわたり迷走した台風で、予報士泣かせの台風だった。

台風予報は視聴者の関心も高く、予報士冥利に尽きる。気象学の知識はもちろんだが、鹿児島の気象予報士に必要なものは何よりもまず体力。そして台風の接近数が年に3個から4個と多いため、慣れを大敵とすることだ。

与論港に打ち寄せる台風の高波（2014 年台風 11 号　MBC ニュースより）

花火大会は晴れて弱い風がある方が煙が滞留せずきれいに見える
（かごしま錦江湾サマーナイト大花火大会）

第3章　気象は語る　平和、人、暮らし

天気予報は平和の象徴

2014年2月14日

出水市

〈曇り時々雨〉
最高 5.4℃・最低 3.4℃

　天気予報は私たちの生活に不可欠なものだ。だからこそ、テレビ各局は天気予報に十分な時間を割き、新聞も1面に掲載している。今では簡単に雨雲レーダーや気象衛星画像など、誰もが必要な最新情報をいつでも自由に見ることができる。

　その天気予報が1941年12月8日を境に、突然ラジオや新聞から消えた。

　気象情報が軍事情報の側面を持っていたからだ。第二次世界大戦開戦後、観測データは全て暗号化されて中央気象台（現在の気象庁）に集められ、軍の作戦に必要な情報として供された。

　出水市には、かつて特攻基地があった。260人を超える特攻隊員が南の空に散った。その特攻基地跡に、レンガ造りの建物が今もひっそりと建つ。戦争中に気温や風速などを観測していた気象観測所だ。周囲には看板などもないため、地元の人もあまり存在を知らない。

　現在は民家の納屋になっているが、目を凝らすと機銃掃射の跡が見受けられる。ここで観測された気象データは、専ら戦争の道具として軍事作戦に利用された。

　気象情報が提供されない間も、鹿児島には台風

今も残るレンガ造りの気象観測所跡

や大雨が襲ってきた。県民は〝目隠し〟の状態でじっと災害に耐えたのだろう。

天気予報が再び国民に知らされるようになったのは、終戦1週間後の1945年8月22日。この日の鹿児島市は午後に雨が降っており、おそらく雲が広がっていただろう。

しかし、県民の心にとっては、きっと秘密という名の厚い雲が取れた日だったに違いない。

先日、帰省した折に気象観測所跡を訪ねた。今でも残る生々しい機銃掃射の跡に触れると、冷たいレンガながら何か熱いメッセージを感じる。

物言わぬ建物が「平和だからこそ天気予報を当たり前に利用できる幸せ」を語りかけているようだった。

名瀬測候所秘話

2014年1月24日

奄美市

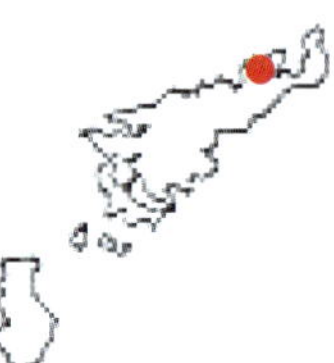

「奄美の子どもたちのためには、密航しかない」

奄美群島がまだ米軍政府の統治下に置かれていた時代、2人の教師が船員になりすまして本土行きの船に潜り込んだ。彼らの名は、深佐源三さんと森田忠光さん。目的は、戦後の新しい教育が始まった本土から、小・中学生用の教科書と教育資材を〝密輸入〟することだった。

戦後、沖縄とともに本土と行政分離された奄美群島。島は疲弊し、十分な教科書や教室もなく厳しい教育環境を強いられた。

源三さんの息子で、奄美市名瀬浦上町に住む深佐千尋さん（65）を訪ねた。千尋さんによると、源三さんたちは奄美を出発した後、鹿児島、神戸を経て東京に到着。2人で苦労の末に教科書やガリ版印刷機などを入手し、奄美に戻ったという。

しかし問題は、入手した教科書の隠し場所だった。源三さんは熟考した末、親族の職場だった名瀬測候所に隠した。当時、測候所だけは日本政府の管轄下で、米軍政府の統治が及ばなかったからだ。今で言えば一種の〝治外法権〟である。教科書は段ボール箱に詰められ、測候所構内の宿舎に保管された。

奄美市街地にある現在の名瀬測候所

目的を果たした2人を待っていたのは、失職という悲痛な制裁だった。密告されたのだ。その後2人が教壇に立つことはなかった

しかし2人が入手した教科書は、ガリ版印刷によってひそかに配布され、子どもたちの教育に大いに役立てられたという。

愛する奄美の子どもたちの教育と将来を案じ、命がけで密航した2人。そして彼らが持ち帰った〝宝物〟を守った測候所。２０１４年12月、奄美群島は本土復帰60年を迎えたが、歴史の陰にはこんな物語があった。

激動の時代を奄美の人々とともに過ごしてきた名瀬測候所は現在、60年前と同じ場所の奄美市街地に静かに建ち、「本業」の奄美地方の気象観測に貢献し続けている。

〝悲劇の天気図〟今なお

ノンフィクション作家・柳田邦男氏の『空白の天気図』は、原爆と台風という二重の災害に立ち向かい、自ら放射線被害を受けながらも気象観測を続けた当時の広島気象台職員の死闘を描いている。

時は終戦直後。後に「昭和の三大台風」の一つに数えられる枕崎台風が、日本列島を縦断する。死者・行方不明者約3700人のうち、半数以上の2000人が広島で被害にあった。原爆で通信手段が壊滅しており、猛烈な台風が接近しているとの情報すら、住民に届けられなかったからだ。

当時の天気図が残されているのではと思い、先日、鹿児島地方気象台を訪ねた。すると期待通り大切に保管されていた。所々破れ、朽ち果てた天気図が、70年の歳月を物語っていた。

天気図を見て愕然（がくぜん）とした。猛烈な台風が南から接近しているにもかかわらず、沖縄から南九州の観測データが全く記録されていないのだ。枕崎測候所では台風接近時、職員が決死の覚悟で気象を観測していた。しかし、通信手段が途絶していたために観測記録を中央気象台（現在の気象庁）に送ることができなかったという。

2014年6月7日

鹿児島市

〈晴れのち曇り〉
最高 28.1℃・最低 21.2℃

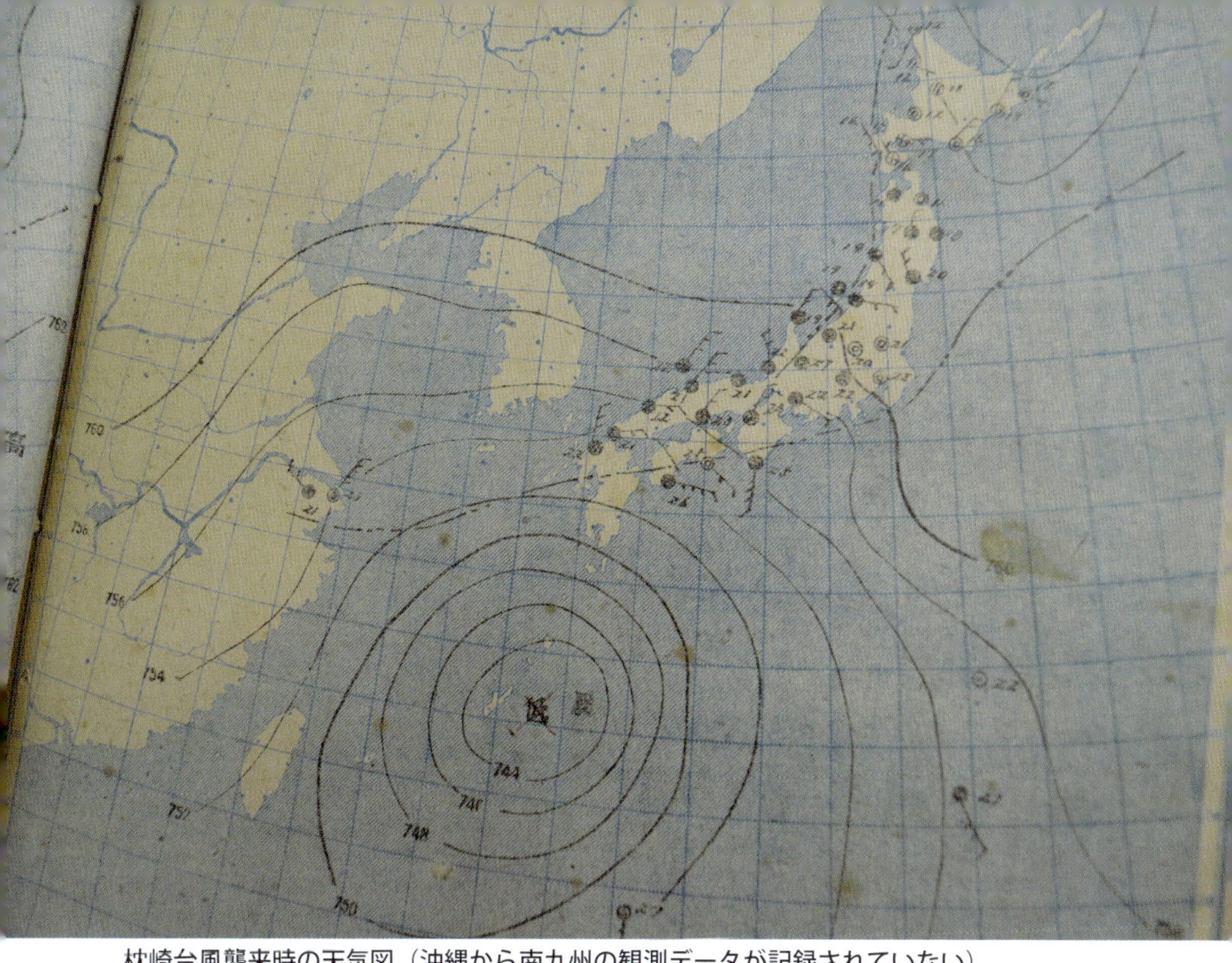

枕崎台風襲来時の天気図（沖縄から南九州の観測データが記録されていない）

その結果、書き上げられた天気図は、台風の現在位置もいい加減なものにならざるを得なかった。実物の「空白の天気図」は、目隠し状態で巨大台風に襲われる恐怖と惨めさを訴えかけているようだった。

帰宅して久しぶりに『空白の天気図』をひもといた。読むほどに、地震・津波と原発事故が大きな悲劇を生んだ東日本大震災を重ねずにはいられなかった。

この本は1975年の出版だが、柳田氏が込めたメッセージは極めて今日的で、示唆に富む。

〝悲劇の天気図〟は今なお生み出されるのではなかろうか。このような悲惨な天気図は二度と書きたくない。地域防災に携わる私たちの責任は重い。

命がけの気象観測と夫婦愛

2016年12月11日

富士山

〈晴れ〉
最高 -14.6℃
最低 -21.3℃

東京出張で飛行機に乗る際、努めて窓側に座るようにしている。富士山を見たいからだ。

上空から富士山頂に目を凝らしていると、9年前に小学生だった息子と登頂した思い出や、2004年に役目を終えた富士山測候所のことが脳裏をよぎる。

しかし、強烈に富士山を自分に引き付けたのは、新田次郎氏のノンフィクション小説『芙蓉(ふよう)の人』だった。気象予報士を目指すきっかけにもなった小説だ。

時は明治28年。富士山頂での気象観測の必要性を訴え、私費で山頂に木造の観測小屋を設け、極寒に耐えながら越冬観測に挑んだ気象学者の野中到(いたる)と、それを支え続けた妻・千代子の物語である。

天気は上空から変わるために、高層気象観測は天気予報には不可欠だ。ただ近代的な予報が始まったばかりの明治時代には、上空の気象状況を知るすべがなかった。

「天気予報をもっと当たるものにしたい」

その一心で危険を冒してまでも、厳冬の山頂観測を敢行した野中。待ち受けていたのは、過酷な自然環境だった。山頂の気温は連日マイナス20度

飛行機の窓から望む富士山

を下回り、台風並みの暴風が吹き荒れた。気圧も低く酸素も薄い。野中は高山病と栄養失調になり、歩行もままならない状態に。失望の中、彼に代わって観測をしたのは、野中を案じて後追いで登ってきた妻の千代子だった。彼女は１日12回の観測を果敢に続けた。

命がけで気象観測に臨んだ野中に敬服するが、それ以上に気概と忍耐力で野中を献身的に支えた、千代子の明治の女性らしい振る舞いに深い感銘を受けた。

それから１２０年余り。技術が進み、現在富士山頂での気象観測は自動化されている。

神秘的な美しさから「芙蓉峰」の異名をとる富士山。凛とした頂に、野中夫妻の情熱と夫婦愛が重なる。

幻の最高気温46・4度

2014年3月31日

東京

〈晴れ時々曇り〉
最高 20.1℃
最低 12.7℃

気象庁の記録によると、国内で観測史上最も高い気温は、2018年7月23日に埼玉県熊谷市で観測された41・1℃だ。

あまり知られていないが、90年ほど前に中央気象台（現在の気象庁）の温度計が46・4度を示したことがある。ただ、「観測規定外の温度」として公式記録からは除外されている。

〝幻の最高気温〟が観測されたのは、1923年9月1日。そう、関東大震災の日だ。地震発生は正午前。昼食準備で火を使う時間と重なったために、倒壊家屋から次々と出火した。

気圧配置も被害拡大に加担した。能登半島付近に台風があり、関東地方には強い南風が吹いていた。火は一気に広がった。犠牲者約10万5000人のうち、9割は火災によると言われている。

中央気象台周辺も火災に見舞われた。その熱によって気象台の温度計の値が上昇し、46・4度が観測されたのだ。

関東大震災が起きることを早くから予見していたのが、東京帝大助教授（後に教授）の今村明恒だ。今では「地震予知研究の先駆者」として知られる。父は薩摩藩士で、現在の鹿児島市新屋敷町

東京帝大地震学講座の今村教授（1924年撮影　提供：毎日新聞社）

に生まれた。

今村は関東で地震が発生すると水道管が破裂して消火活動ができず、火災で大きな被害が出ることを警告していた。しかし当時、今村の主張はほとんど受け入れられず、「ホラ吹きの今村」とさえ言われた。そればかりか、教授の大森房吉は社会不安を鎮めようと、今村の説を根拠のないものとして否定した（これが有名な「大森・今村論争」）。

９月１日の「防災の日」は、関東大震災にちなんでいる。今村と同じ私たち薩摩人は、この日を「大地震は必ず来る」との思いを新たにする日にしたい。そのことが過去の地震災害の犠牲者への報いになり、薩摩が生んだ俊英の地震学者、今村明恒の志に応えることになろう。大森と同じ轍（てつ）は決して踏みたくないものだ。

宇宙から天気予報を

2015年2月24日

茨城県つくば市

〈曇り〉
最高 10.8℃
最低 2.6℃

気象予報士の資格を取得して間もなくの2000年、宇宙飛行士の若田光一さんを筑波宇宙センターで取材した。

当時、私は報道部の宇宙開発担当記者で、国際宇宙ステーションの建設のために宇宙へ向かう若田さんに、その意気込みを聞くことが目的だった。

インタビューの後、話は気象の話になった。私が気象予報士の資格を取得したことを報告すると、若田さんはとても喜んでくれた。そしてこう言葉を継いだ。

「亀田さん、宇宙から天気予報をやってもらえませんか。今後気象衛星を始め、宇宙からの気象観測はさらに充実して、観測精度も向上するでしょう。しかし、気象予報士が宇宙から気象情報を伝えたら、もっとリアリティのある天気予報になりますよ」と目を輝かせながら語ってくれた。

若田さんの並はずれた未来への想像力に圧倒されたことを覚えている。駆け出しの新米予報士だった私は、科学技術の最先端にいる若田さんから、どれだけ科学が進展しても、重要な情報伝達は人が言葉で伝えることが大切なんだということを教わった気がした。

「宇宙から天気予報を」と語る若田宇宙飛行士（左）（筑波宇宙センターにて 2000 年 1 月撮影）

そういえば以前ＮＨＫの朝の連続ドラマ「まんてん」で、ヒロインが宇宙から天気予報を伝え、地球の美しさを地上の子どもたちに語る場面があった。残念ながら若田さんからの宿題に対して私はまだ応えられていない。あの宿題は、それぐらい未来と地域社会のつながりをイメージしながら予報業務にあたってほしいという、若田さんから私への激励のメッセージだったのかもしれない。

若田さんはこうも言っていた。

「今は宇宙に行くことは夢と言われるが、そのうち夢ではなくなり誰でも行けるようになる。それを実現するのが自分に課せられた使命だ」

その一貫した信念は今も変わっていないのだろう。

存在そのものが天気予報

2015年4月27日

鹿児島市

〈曇り〉
最高 14.4℃・最低 6.5℃

「鹿児島の気象キャスターと言えば？」という問い掛けに、おそらく鹿児島県内の多くの視聴者はこの人の名前を挙げるだろう。

前田一郎ウェザーキャスター（68）。鹿児島市出身で、1996年に気象庁からMBCへ気象キャスターとして転身した。93年の鹿児島大水害（8・6水害）の時は、鹿児島地方気象台の予報課長だった。前田さんは「気象台が情報を発しても、情報の真の意味が市民へ伝わらなかった」と、当時を振り返る。

「自身の口から直接危機感を伝えたい」と、切実な思いを込めた転身だった。

私が予報士試験に合格し、予報士として産声を上げた時、前田さんには解析技術や予報を伝える際の心構えを懇切丁寧に指南してもらった。

前田さんから学んだことは、気象観測や予報技術がいくら高度化しようと、命を救う気象情報を伝えるのは「人」だということ。台風接近時には「気象庁の予測を丸ごと信じないで。まず、実況をしっかり見て。あなたが伝えるべき相手は誰ですか」と、厳しく指導を受けたことも。その熱意は年齢を重ねても変わらず、いまなお後進の育成

スタジオで気象情報を伝える前田ウェザーキャスター

に余念がない。

天気予報はすべての人に共通した、最も大切な生活情報だ。それだけに予報士は、視聴者が必要としている情報の内容を十分練り、親しみと分かりやすさを心掛けながら伝えている。その中でも前田さんの場合は、存在感そのもので視聴者の信頼を獲得し、期待に応える気象情報を伝え続けているように感じる。

いつもの時間になると、「さあ天気予報だ」と視聴者が画面に見入ってしまう前田さんの天気予報。存在感で語れる伝え手を目指して、背中を追いかけたい。

飛行機雲に誓う

2017年6月20日

鹿児島市

〈曇りのち晴れ〉
最高 26.8℃・最低 18.5℃

桜島の上に何本も飛行機雲の列が現れた梅雨の晴れ間。果てしなく伸びる雲は天国につながる川のように見えた。

飛行機雲は、飛行機の排ガスに含まれる水蒸気が氷点下の上空で急激に冷やされるなどして雲になる。すぐ消える場合は、上空が乾燥しているため天気は崩れにくい。なかなか消えなければ大気は湿っており、天気は下り坂の傾向にある。

飛行機雲は今後の天気変化を判断するための空からのメッセージで、いつも眺めるのが楽しみだった。

しかし、桜島にかかる飛行機雲は、このところ見るのが辛い。つい最近亡くした大切な仲間に思いを寄せてしまうからだ。

彼は、福岡の系列局ＲＫＢ毎日放送の映像技術者で、鹿児島マラソンではトップ集団を撮影する移動中継車の技術スタッフとして、毎年応援に駆けつけてくれた。

卓越した技術力で中継を支えてくれたが、この4月に不慮の交通事故で帰らぬ人となった。享年39歳。多くの同僚が早すぎる突然の別れを悼んだ。

初回の鹿児島マラソン中継のテスト走行で、彼

桜島上空に現れた飛行機雲の列

が鹿児島を訪れた際も、同じように晴れた桜島上空に鮮やかな飛行機雲が現れていた。

「こんな雄大で爽やかなコースを走れるなんて、ランナーは最高に気持ちいいでしょうね」と、興奮気味で話していたことが昨日のようだ。

マラソン中継で全国を巡る彼にとって、桜島と錦江湾の風景は格別だったのだろう。南国の春風に吹かれながら意気揚々と仕事に取り組む姿は、私の脳裏に深く刻まれている。中継終了後、「また来年必ず来ますからね」と、再会を約束し見送ったのが最後だった。

もう彼と一緒に仕事をすることはない。しかし、彼の情熱が染み込んだ移動中継車で、来年も感動のレースを視聴者に届けよう。流れゆく飛行機雲を見上げながら天国の彼に誓った。

科学は五感で学ぼう

2015年1月13日

出水市

〈曇り〉
最高 11.6℃・最低 3.0℃

小学5年生の冬の朝、教室の外は霜柱が立っていた。突然、担任の先生が言った。

「寒いか。よーし、外へ出ろ。裸足で!」

悪さをしたわけでもないのに、クラス全員が霜柱の上に裸足で立たされた。もちろん先生も立った。体が縮み上がるほど寒かった。「わー、ちんたかー(冷たい!)」と、悲痛な叫び声が上がるほど。

その後、足を洗って教室へ。普段は冷たい水が温かく感じ、教室に入るとぽっかぽかの暖かさを感じた。皆の顔も和らいだ表情に変わった。そこで先生が一言、「人間は気温を相対的に感じるものだ。寒いと思うから寒いのだ」と。

こんなこともあった。学級農園で収穫したサツマイモを、先生は私たちに生で一口かじらせた。恐る恐る噛んでいると、次第に甘くなってきた。唾液に含まれるアミラーゼがサツマイモのデンプンを糖化させ、甘みを感じることを教わった。

荒修行とも言えるこの「珍」授業。私たちに、体験を通して科学の面白さを教えてくれた先生は、故・佐々木士先生だ。師範学校卒で戦争体験者でもある先生は、自由に学べる幸せをいつも熱心に語ってくれた。特に科学の不思議を教える時の顔

佐々木先生の遺影と千枝子さんを小学校時代の同窓生で囲む

は違った。私が気象など科学を好きになるきっかけを作ってくれた。

佐々木先生は4年前に86歳で他界された。妻の千枝子さん（90）によると、先生は私が気象解説でテレビに出ることを晩年まで楽しみにしていたらしい。私たちは今でも同窓生で先生の自宅を訪ね、小学校時代の授業の思い出話で盛り上がり、在りし日の先生を偲んでいる。

「五感を研ぎ澄まして科学を学ぼう」

私はお天気教室で子供たちにそう話すのだが、その根底には先生の教えがある。

追記　先生の妻・千枝子さんは療養中だったが、昨年暮れに92歳で他界された。本書の出版を病床で心待ちにされていたが、手に取っていただくことはかなわなかった。謹んでお二人の墓前に発刊を報告したい。

不存在の耐えられない重さ

2015年1月20日

鹿児島市

〈曇り時々雨〉
最高 11.7℃・最低 7.8℃

「♪僕の名前はヤン坊」「♪僕の名前はマー坊」誰もが知っている軽快なメロディー。昨年3月末、多くの人に愛されたお天気番組がひっそりと幕を閉じた。半世紀以上続いた長寿番組だった。

「ヤン坊マー坊天気予報」の提供元は、大手農機具メーカーのヤンマー。同社の社名は、豊穣(ほうじょう)の象徴であるトンボの中でもひときわ大きいオニヤンマに由来している。

番組は、1959(昭和34)年6月1日の気象記念日に始まった。創業者で農家出身である山岡孫吉氏が、農家や漁師の安全と豊穣を願って始まったこのコーナーは、以来55年間、国民約番阻として愛されてきた。

私自身、子供の頃、この歌をテレビの前で兄弟で口ずさんだ。放送がちょうど夕食時と重なっていたため、一家だんらんの思い出と共に、脳裏に刻み込まれている。

それから25年。まさか自分があの曲をBGMとして流しながら天気予報を伝えることになろうとは、想像もしなかった。このコーナーの時間帯は視聴率が上向くため、ヤン坊・マー坊と共に明日のお天気を伝えることができることは、予報士

放送を終了した「ヤン坊マー坊天気予報」

の誇りでもあった。それだけに駆け出し時代は、緊張感もひとしおだった。

そんな番組も、企業イメージの刷新などの理由で、惜しまれながらお茶の間から消えてしまった。ヤン坊・マー坊が、防災や生活に欠かせない天気予報を、親しみをもって視聴者に伝え続けた功績は計り知れない。愛らしい2人のキャラクターと歌は、今でも私たちの心に深く刻まれている。お天気番組の代名詞と言っても過言ではなく、不動の視聴習慣を根付かせた。

放送終了から間もなく1年。「ヤン坊マー坊天気予報」の存在の重さを、今改めてかみしめている。

天気予報のお値段

2014年3月20日

鹿児島市

〈曇り一時雨〉
最高 19.3℃・最低 10.4℃

約585億円。2015年度の気象庁の年間予算だ。この中には、現在の気象衛星の後継機の整備費や防災情報強化の対策費、職員の人件費などが含まれる。この予算があってこそ、大気や海洋の目まぐるしい変化を監視し、天気予報をはじめ国民の生命・財産を守る防災情報を発表することができる。また気象衛星が撮影した画像は、アジアや西太平洋諸国でも活用され、国際貢献にも寄与している。

こじつけを承知で、この予算を日本の人口で割ってみた。更に365（日）で割り、国民1人当たりの1日の〝天気予報代〟を算出してみた。

はじき出されたお値段は「1.3円」。安いだろうか、高いだろうか。国民の誰もがタダ同然でいつでも、手軽に、天気予報や防災情報を入手できる時代。「1.3円」を十分活用して、日常生活や経済活動、そして減災にぜひ役立てたい。

夏には種子島宇宙センターから次期気象衛星「ひまわり8号」が打ち上げられる予定だ。気象衛星は重要な衛星なので、2016年度にも9号を打ち上げ、2機体制で運用される。

気象庁によると、打ち上げ費用を含んだ総事業

予報士が入手する天気予報の解析資料

費は、2機で1035億円。これにより画像の解像度は現在の2倍に、観測時間も従来の30分ごとから10分ごとに短縮され、高性能化が図られる。総事業費から算出した国民1人当たりの負担額は815円。天気予報よりは高いが、設計寿命は15年以上で歴代の「ひまわり」の中では最長だ。

もし、多額の費用がかかる気象衛星の観測を取り止めにしたら、台風の監視体制が昔に戻り、台風進路予想や大雨の予測精度が著しく低下する。

気象観測には多くのコストがかかる。しかし、1回の台風による被害額が1000億円を超えることがあることも考えれば、決して高いとは言えない。

気温1度の経済効果

2014年3月20日

鹿児島市

〈曇り一時雨〉
最高 21.0℃・最低 15.1℃

5月の大型連休が近づくと、鹿児島では最高気温が25度を超す夏日になることがある。この時期の楽しみは、「そうめん流し」に出かけることだ。冷水とともに回転するそうめんをすくい、ツルツルッ。鹿児島市慈眼寺（じげんじ）のそうめん流しは、夏場は連日大勢の家族連れが訪れ、お店もフル回転だ。

気温の変化は経済活動にも大きな影響を与える。「気象ハンドブック」によると、20度を超すとエアコンや殺虫剤が売れ出すという。虫の活動も20度を超えると活発になるのだろうか。21度でポロシャツ、22度でビールの売れ行きが伸びるとか。さらに25度を超すと、麦茶やアイスクリーム、ひやむぎの売れ行きが好調になるという。

真夏に気温が1度上昇すると、ビールの売り上げが1日に大瓶で230万本増えるそうだ。といってもピンとこないと思うが、一般的な小学校のプール（25メートル×8コース）の容積に換算すると、3.6杯分にもなる。麺つゆは、気温が25度を超えると、1度上昇するごとに10％消費が増えるという。

また冬場は、18度以下になるとおでんが、15度以下になると鍋料理の具材が売れ始めるそうだ。

鹿児島市慈眼寺の「そうめん流し」

4月から消費税率が8％になり、夏場の景気への影響が注目されているが、わずかな気温の上下が日本の経済活動に与える影響も見逃せない。

気象庁の暖候期予報（6〜8月）によると、九州南部の今夏の気温は平年並みか平年より高く、梅雨明け後は晴れる日が多いという。予報通りだと、今年の夏はどちらかと言えば晴れて暑い夏になるだろう。

一般的に経済関係では、夏は好天が続き暑い方が良いとされている。その半面、熱中症や農林水産業への影響も大きくなる。また太平洋高気圧が強まれば、その周辺では台風や大雨の活動も活発になる傾向にある。一筋縄ではいかないのが気象の世界だ。

「飲ん方」が地域を守る

2013年11月30日

垂水市

〈晴れ〉
最高 15.8℃・最低 1.0℃

「まずは住民が集まることよ。そして飲ん方（飲み会）して、大いに語っことよ」

垂水市市木地区で地域防災のリーダー的存在である永吉信矢さん（67）に、地域防災で最も大切なことについてインタビューした際の答えだ。約230世帯が暮らす市木地区は、高齢化が進む中で住民主体の防災活動が積極的に展開されている。大雨時、避難勧告発令前に自主避難し、土砂災害から住民の命を守った実績もある。

仕事の傍ら、鹿児島大学大学院の博士課程で地域防災について研究していた私は、この地区を住民避難の先進地域として注目し、論文執筆のための調査に入った。

研究に前のめりだった私は、永吉さんや地域住民と接しているうちに、彼らが単に防災目的だけの活動を進めているわけではないことに気付かされた。この地区はとにかく住民の集まる機会が多い。地区の田植えが終わると、ねぎらいの集会。秋は住民総出の運動会に、地域の文化や自然の価値を親子で再発見するイベントなどが催され、終了後は焼酎を酌み交わしながらの懇親会が催される。昔ながらの、共同性の高い地域の営みが今も

垂水市市木地区の地域防災は「飲ん方」から始まる

続いている。

永吉さんは言う。「市木では、全ての住民の顔がいつも見えているから、災害時には地域全体が動いて住民同士で助け合う。地域防災の原点は、住民のつながりの中にある」

社会の多様化で個人の価値観が優先され、地域の共同性は確実に希薄になっている。だが市木地区の取り組みからは、人と人のつながりこそが地域防災にとって何より重要であること。そして非常時の訓練を特別な活動として限定せず、訓練も平時の地域活動として日常化することが、いざという時の防災力につながることを教えてくれている。

地元に愛され50年

2017年9月4日

出水市

〈曇り時々雨〉
最高 23.8℃・最低 20.7℃

ちゃんぽん、カツカレーにホルモン定食。出水市米ノ津町のお食事処「次郎長」の人気メニューだ。店内は家族連れのほか、カウンターでは焼酎を飲み交わす地元のお客でにぎわう。

お店は今年3月に開店50周年を迎えた。出水市で50年続く飲食店はそう多くない。店主の板垣清子さん（77）は、「なんで50年続いたか分からん。お客さんのおかげよ」と目を細め、娘の弘美さんと二人三脚で切り盛りする。

中には「ただいま！」と店に入ってくるお客も。常連客の平床哲也さん（60）は、「気を使わんでいい。家庭的で楽しい雰囲気が魅力だから」と話す。胃袋だけではなく、心も満たす拠り所になっているようだ。

出水市では1997年の針原の土石流災害で21人が犠牲に。2006年の県北部豪雨では米ノ津川が氾濫し、市街地が水没した。地元で災害が発生したときは、お客の話も暗くなったり、試練をどう乗り越えるかの話題が中心になる。時にはお客同士がなぐさめ合ったり、生活物資の情報をやり取りすることもあったという。清子さんも親身になって励まし続けた。

にぎわう「次郎長」の店内と板垣さん（左）

「お店はいつも世間話で盛り上がるけど、時には災害や地域づくりについて熱く語り合うお客も。とにかく何でも話しやすい場なんでしょうよ」と清子さん。

行政主導の防災強化策として、ハード整備のほか、ソフト面においても地域防災組織がトップダウン的に組織されることもある。〝やらされ防災〟は形式的で長続きしないことも多い。

地域防災で最も肝要なのは、防災の主体である地域住民の日常的な語らいが充実することであり、住民同士を結ぶ絆のような社会的結節点が、地域にいかように存在するかではなかろうか。

今宵も地元客の笑いが絶えない「次郎長」。地域に愛され、半世紀を超えてもなお繁盛するお食事処の語らいに、地域防災の枢要が見て取れた。

Column❸

115年ぶり、奄美でも雪が

亜熱帯海洋性気候の奄美群島。真冬でも最低気温の平均が12度くらいと暖かい奄美では、雪など降らないだろうと思っていた。

しかし、2016年の1月24日、奄美で115年ぶりに雪を観測した。温暖化の時代に南海に浮かぶ奄美で雪が降ったと、地元はもとより全国でも大きなニュースとなった。

奄美でブログによる情報発信をしている「しーまブログ」の編集長、麓卑弥呼さんは、「奄美で雪が降るかもしれない」との天気予報を目にした時、「なんとか決定的瞬間をカメラに収めよう」と、午前5時にカメラを片手に、奄美大島の最高峰、湯湾岳（ゆわんだけ）（694m）に待機した。手がかじかみながら待ち続け、みぞれ混じりの雪の撮影に成功した。奄美特有の植物を背景に舞う雪の写真は、貴重で稀有なワンショットとなった。

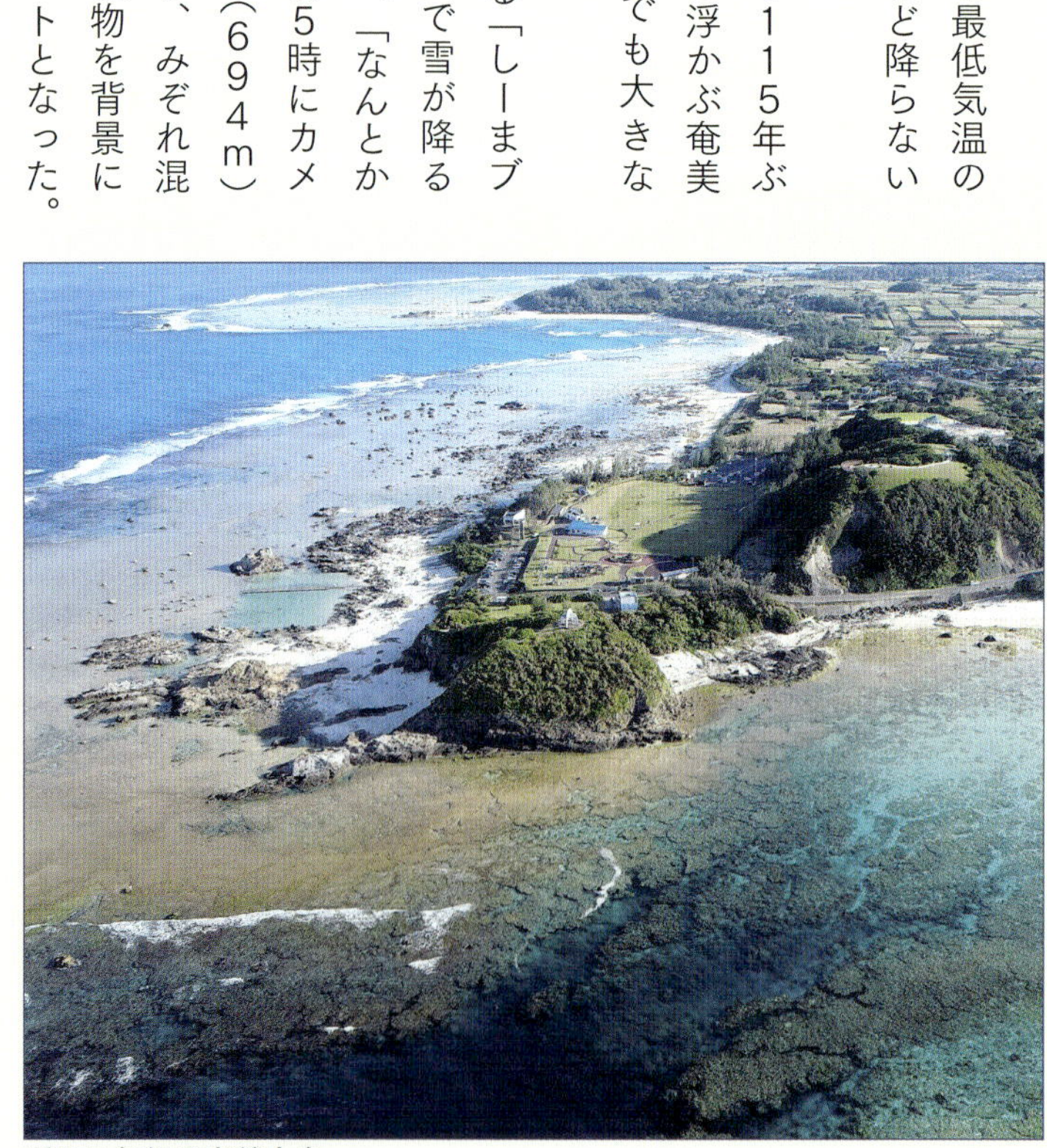

暖かい気候の奄美大島
（北部のあやまる岬　田中良洋さん撮影　http://rito-life.com/）

115年ぶりに降った奄美の雪（湯湾岳にて麓卑弥呼さん撮影）

40年ぶりとも言われるこの記録的な寒波をもたらしたのは、「ポーラー・ボルテックス」（極渦）という北極付近にできる寒気のかたまりの渦だ。これが大きく蛇行して日本付近に南下したため、奄美でも雪が降る大寒波となったのだ。

気象衛星の画像で東シナ海に広がる冬型特有の筋状の雲を見ると、いつもは種子島・屋久島付近までで留まっているが、この時は奄美や沖縄まで雪雲となって広がっていた。前日の解析でも奄美大島の上空1500メートルの気温が、平地で雪が降る目安であるマイナス6度まで下がるという予報に加えて、地表付近の空気も乾燥し、雪が降りやすい条件が重なった。

この日は鹿児島市でも10センチの記録的な積雪を記録した他、全国的に雪による被害が相次いだ。

115年前と言えば1901年。明治34年で昭和天皇が生まれた年でもある。現在のような天気予報もない時代に、突然寒くなって空から冷たい白いものが降ってきたとき、明治時代の奄美の人たちはどんな驚きの顔を見せたことだろう。

テレビ塔への落雷の瞬間（鹿児島市で松浦勝一さん撮影　P.175 参照）

桜島にかかる虹

第４章　地域防災の現場から

災害は「忘れぬうちに」やって来る

2013年10月1日

鹿児島市

〈晴れ〉
最高 31.3℃・最低 20.4℃

警句「災害は忘れたころにやって来る」は、物理学者で文学者の寺田寅彦が述べたと言われているが、実は彼の著作にその文節は見当たらない。

彼は著書「天災と国防」で、災害への防御が講じられないのは「天災が極めて稀にしか起こらないからで、ちょうど人間が前車の転覆を忘れたころに、そろそろ後車を引き出すようになるからであろう」と述べ、何度災害を経験しても人間は利口になれないことを指摘している。この指摘が、前述の警句を生んだと思われる。

災害のリスクと隣り合わせで生活が営まれている鹿児島県では、前の災害の記憶がまだ新しいうちに次の災害が起こっており、「災害は忘れぬうちにやって来る」と言う方が適切だ。

技術が進歩しても、自然を制御することはできない。常に自然界と折り合いをつけ、謙虚に災害と向き合うべきだ。

目前に見える桜島は、連日の噴火を通して、このメッセージを私たちに伝え続けているように思えてならない。

想定外を想定内に

2014年1月5日
鹿児島市
〈晴れ時々曇り〉
最高 16.1℃・最低 20.4℃

災害発生後に行政側から時折出される「今回の災害は想定を超えていた」というコメント。捉え方によっては、責任逃れにも聞こえる。

しかし、一方では「防災上必要だといっても、1000年に1度の頻度でしか起きない災害のために巨額の税金を投入するのは非現実的だ」とする言い分も理解できる。

だからどこかで、災害の規模を想定し、線引きをしないといけない。しかし、ここにおける想定とは、ある一定の災害規模以下なら被害を抑えられるとした「防御の目標」で、自然の側からすれば、人間の身勝手な想定に過ぎない。

群馬大学大学院教授の片田敏孝氏は、「想定を掲げることが国民の災害への主体性を低下させ、防災意識の過剰な行政依存を形成した」と指摘している。

私たちは一生のうちに、豪雨や地震、津波など想定外の事態に必ず接する。「想定外を想定内」に。私たちの心構えと対応にかかっている。

命を守る防災教育

2014年7月29日

桜島

〈晴れ時々曇り〉
最高 33.6℃・最低 25.6℃

桜島にある黒神中学校は、昭和火口からわずか4キロ。全校生徒は5人。

「最も火口に近い中学校」として、毎月防災教育を実施している。前任の校長先生が「いざという時、自分の命を自分で守れる生徒を育てよう」と始めたという。

黒神中学校の防災教室に招かれた際、温暖化時代には豪雨災害が発生しやすくなることや、竜巻や台風時に取るべき行動について生徒と議論した。生徒たちの真剣なまなざしと主体性は、いつも災害の危険と隣り合わせで暮らしている緊張感からくるのだろうか。

防災教育が成功した例は、東日本大震災の「釜石の奇跡」だろう。約2900人の児童・生徒が、地震発生後すぐに逃げて自らの命を守った。災害に対する〝反射神経〟の形成には、地域を巻き込んだ粘り強い防災教育があった。

日本列島で暮らす以上、災害はいつか起こる。命を守る防災教育の役割はこれからも大きい。

避難を妨げる心の壁

2014年10月2日

鹿児島市

〈晴れ時々曇り〉
最高 29.9℃・最低 22.9℃

災害時に生死を分ける大きなポイントが早めの避難。分かっていても、なかなかできないのは、避難を妨げる二つの心理が働くからだ。

災害接近時、多くの人は「まあ、今回も大丈夫だろう」と思ってしまう。これを「正常性バイアス」という。非常事態にもかかわらず、あえて日常の範囲内として捉える働きだ。

もう一つが「お隣さんも避難しないから大丈夫だ」と思う「多数派同調性バイアス」。周囲と同じ行動を取りたがる傾向だ。

この二つの心理的作用は、人間にとって大事なもの。正常性バイアスがなければ不安だらけの毎日になってしまうし、同調性バイアスがあるから周囲と協調し、地域の共同性を保つことができる。

難しいのは、平時は有効な心理が、有事には呪縛（じゅばく）となってしまうこと。だから「頭（心）のスイッチの切り替え」がとても大事。「今までの経験や常識が通じなかったら」と考え、まずは大きく構えることが必要だろう。

都市化と災害

2014年12月28日

広島市

２０１４年を振り返ると、広島の土石流災害では悔しい思いをした。特徴的だったのは、山手側の家屋ほど大きな被害を受けていた。

昔の人は、そうした地域に住むことを「山の神様の怒りに触れる」と避けてきたのだが、人口増や土木技術の進展が都市化や宅地開発を後押しした。

社会学者の秋元律郎氏は、都市化が被害の潜在性を増大させ、新たな災害を生み出すと、警鐘を鳴らし続けた。

彼は都市の弱点ついて、

①行政・経済の中枢機能が集中
②人口密集により被害が拡大
③ライフライン喪失時のダメージが大きい
④住民の連帯が乏しく孤立化を招きやすい

これらを、今から30年以上も前に指摘していた。

現代人が文明的な生活を捨て、昔の暮らしに回帰するのは難しい。一方、都市化はますます進み、災害は人間の営みをあざ笑うように襲ってくる。

自然との関わりの中で生きているという謙虚な心構えだけは、忘れないようにしたい。

気象予報士は何を伝えるべきか

2013年12月28日

伊豆大島

〈晴れ〉
最高 9.5℃
最低 2.1℃

気象庁が「10年に1度の警戒すべき台風」とした2013年の台風26号。伊豆大島では24時間雨量が824ミリと、2.5カ月分の雨がわずか1日で降り、多くの人命が失われた。

メディアを通じて気象情報を伝える気象予報士。関東や東海地方の予報士は、この台風をどう伝えたのか。

スピードが速い秋台風の恐ろしさ。火山島である伊豆大島の地質の特殊性。そして何よりも住民の暮らし。どこまで想像を巡らせ、危機感を持って伝えただろうか。

確かに放送時間の制約などの理由はあるだろうが、最近、気象予報士のタレント化が過ぎたり、住民目線の解説がなされなかったりと、原点を忘れているような状況が見受けられる。

気象予報士国家試験の合格率は5%台で、誰でも容易に取得できる資格ではない。それだけに予報士は、常に強い使命感を持って業務に臨むべきだ。災害が多様化する中、予報士に向けられる国民の期待は、私たち予報士が考える以上に大きい。

活用しよう防災マップ

2015年4月23日

鹿児島市

〈曇り時々晴れ〉
最高 23.9℃・最低 11.1℃

4月20日ごろは、二十四節季の一つ「穀雨（こくう）」。雨が降って百穀を潤すという意味だが、大雨シーズンの幕開けも意味する。

この時期に必ず確認してもらいたいのが「防災マップ」だ。棚の奥に眠っているかもしれないが、一度ご覧いただくと、地域情報の宝庫であることに気付く。

集落ごとの避難所や避難経路。津波による浸水予想。災害時に直接役に立つ情報に加え、最寄りの病院や消防署、水源地の場所が一目で分かる。

冊子の裏には、家族構成や連絡先の記載欄、非常時持ち出し品のチェックリストまである。使い勝手は確かにアナログな防災マップ。だが子どもや高齢者にも分かりやすい。

地元を知り尽くした人でも、新たな発見があるはず。災害時に備えて「予習」しておくと、実際の被害を減らすことができる。

防災講演の際に私が必ず話すのが、「事後の百策より事前の一策を」。事が起こってから何をしても後の祭りだ。

自然界からの警告

2015年6月6日

鹿児島市

〈晴れ〉
最高 26.4℃・最低 17.0℃

今年の空模様は、春ごろから例年と少し違っていた。

まず4月。鹿児島は日照時間が平年の6割程度と記録的に少なく、野菜が高騰した。上空の強い寒気の影響で、鹿児島市では7年ぶりに雹(ひょう)が降った。大崎町では時間雨量148ミリの猛烈な雨を観測。肝付(きもつき)町内之浦では24時間雨量が406・5ミリに達し、1.2カ月分の雨がわずか1日で降った。

5月上旬までに7個の台風が発生したのは、1951年の統計開始以来、最も早いペース。台風6号の接近時は、徳之島の伊仙(いせん)町で竜巻が発生し、住宅12棟の屋根が吹き飛んで、けが人も出た。

本格的な雨期を前にしての激しい気象現象は、今年の大雨シーズンを占う自然界からの警告に思えてならない。科学的な根拠もなしに、先のことをあれこれ言うのは控えたい。しかし、あらゆる自然現象を人間が築いた「科学」という物差しだけで測ろうとしても限界があることには留意しておきたい。

科学不信の碑

東桜島小学校の片隅に建つ「桜島爆発記念碑」に立ち寄った。この記念碑は、桜島大正噴火の際、鹿児島測候所（現在の鹿児島地方気象台）の「桜島には噴火なし」という見解を村役場が信用したために大きな被害につながったという、無念の思いが刻まれている。測候所、つまり科学を信じるなという強いメッセージから、〝科学不信の碑〟とも称されている。

しかし今一度、当時の観測体制を考えてみる。測候所には旧式の地震計1台しかなく、火山の専門家もいなかった。そのため、科学的な観測と判断が十分できなかったのだ。

現在は人知を尽くした研究のおかげで観測体制が強化され、災害予測の精度もかなり向上した。一方で、集中豪雨や竜巻の発生予測、火山の噴火予知などはいまだ課題を残している。

碑に込められた本当の思いは、一方的に科学を遠ざける〝科学不信〟ではなく、未来へ語りかける〝科学盲信への戒め〟ではないだろうか。

2015年9月11日

桜島

〈晴れ〉
最高 30.0℃・最低 20.8℃

3.11から5年

東日本大震災の2カ月後、福島へ取材に出向いた。戦後の焼け野原を思わせる津波の爪痕、白い防護服の作業員しか見かけない原発周辺の町、食料を求めてごった返す避難所といら立つ住民の怒号。現地で見聞きするもの全てが、これまでの自分の物差しを覆した。

当時の取材日記を読み返すと、住民は三つの「見えない」に不安がある、と記している。「見えない放射線」「見えない政治と行政の誠意」「見えない地域の将来」だ。

私も線量計を常時携帯して取材に臨んだ。健康に影響のない程度だったが、毎日上がり続ける数値に怖さを感じた。原発周辺の住民も放射線の恐怖から逃れるために、生まれ育った故郷をあとにした。地域の絆を失うことに涙をのみながらも。

あれから5年。3月11日の午後2時46分、追悼式の黙祷に合わせ目を閉じた。犠牲者といまだ避難している17万4000人に思いをはせ、心だけでも寄り添っていたい。

2016年3月11日

福島県楢葉町

〈曇り時々晴れ〉
最高 5.9℃
最低 -2.2℃

熊本地震の爪痕に深まる悲しみ

2016年5月27日

熊本県南阿蘇村

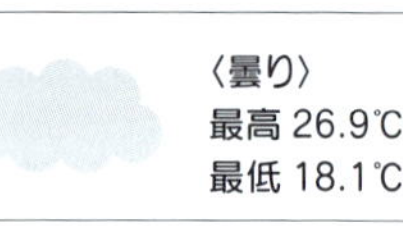

〈曇り〉
最高 26.9℃
最低 18.1℃

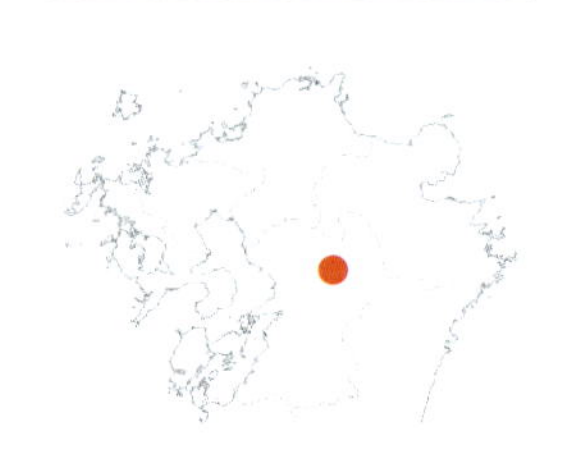

熊本地震から1カ月余り。被災した熊本市や南阿蘇村などに入った。熊本は学生時代を過ごした場所。誇れる火の国の象徴である熊本城や阿蘇の風景がもろくも崩れた。鹿児島でいえば、桜島が半分崩されるようなものだろう。第二の故郷を傷つけられ、深い悲しみを覚えた。

被災地で感じたのは、都市部と周辺部の復旧格差だ。熊本市の中心部では生活インフラが急速に回復しているのに対し、益城町や南阿蘇村では発災直後から時間が止まっているようだった。全く手を付けられず、立ち尽くすだけの住民を何人も見かけた。

天候も気になる。気象庁は今年の夏、ラニーニャ現象を予測。日本は猛暑になる可能性がある。エアコンを失った住まいで暮らす高齢者や子どもたちが心配だ。阿蘇大橋が崩落した南阿蘇村の大規模な土砂崩れ現場は、大雨や台風でどう変貌するのだろうか。

猛威の爪痕を目の前にし、ただ祈ることしかできない自分がやるせない。

鹿児島が年に6.6キロ南下?

2016年7月22日

鹿児島市

〈晴れ〉
最高 34.7℃・最低 25.1℃

２０１３年９月に発表された気候変動に関する政府間パネル（ＩＰＣＣ）の報告によると、２１００年ごろには、世界の平均気温は２０００年ごろよりも最大で4.8度上昇するという。温暖化の要因は、人間の産業活動による可能性が極めて高いと指摘している。

私たちも運動や緊張で、体温が一時的に１、２度上がることはある。しかし、36度の平均体温が常に２度上がって38度になったら大変なことになる。それは自然界も同じだ。平均気温が１度上がるだけでも生態系にとって大きなストレスとなり、食料生産に影響を与えかねない。豪雨も頻繁に発生し、伝染病も増えるだろう。

もし、２１００年の平均気温が4.8度高くなったら…。年間の平均気温が約19度の鹿児島市は、那覇市の気温になる。鹿児島市から那覇市までの距離を６６０キロとすれば、鹿児島市は年に6.6キロずつ南下することになる。物質的豊かさを求めてまい進する人間の活動が、地球の「気温地図」を知らぬ間に書き換えている。

防災を〝忘災〟にしないために

2014年5月31日

鹿児島市

〈晴れ〉
最高 30.3℃・最低 19.5℃

鹿児島では梅雨時期の6月と7月に、約770ミリの雨が降る。1年間に降る雨の約3分の1が、この2カ月に集中している。「今年の梅雨時期の雨量は平年並み」との予想ならば、「平年並みに雨量が多い」と受け止めてほしい。

災害に備えるためには、まず近年の豪雨被害を思い返すことが大事だ。2010年と11年に連続して起きた奄美豪雨。そして与論を襲った2013年の台風24号や、伊豆大島の土砂災害。自然の猛威に私たちはなす術もなかった。

次に心の構え。「まさか自分の所ではありえないだろう」ではなく、「今年はひょっとしたら自分の所で起きるかもしれない」と考えるところから、防災はスタートする。

災害は、社会の脆弱なところを鋭く突いてくる。高度に近代化された私たちの生活は、自然の側からみると弱点だらけだ。豪雨災害のなかった年はない。防災が〝忘災〟にならないよう、気を引き締めて大雨シーズンと向き合いたい。

100回来ずとも101回目も

2017年3月17日

岩手県釜石市

〈晴れ時々曇り〉
最高 8.4℃
最低 -0.5℃

岩手県釜石市唐丹町。東日本大震災では大津波が押し寄せ、32人の命が奪われた。この地域が、災害文化（災害経験から地域に蓄積された防災の知恵や知識）を共有しようと、石材業者と協力して取り組んだのが「津波記憶石」の建立だ。

津波が到達した地区内22カ所に石柱を建て、警戒心を絶やさないようにした。同地区本郷には地元の小中学生ら95人のメッセージを刻んだ石碑も建てられた。

全て読んで目に留まったのが「１００回逃げ１００回来なくても、１０１回目も必ず逃げて」（中2女子）のメッセージだ。「慣れこそ防災の落とし穴。先入観なしに率先して避難せよ」という人間社会が地震・津波と共存していくための心構えがにじみ出ている。

災害文化を伝承する石碑や遺構は、災害から時間がたつと次第に忘れられ、街並みに埋もれてしまうことがある。しかし過去の惨禍を語る〝証人〟でもある。碑文に込められた先人の言葉に学ぶことは多い。

線状降水帯の猛威

道路沿いに無造作に横たわる20メートルほどの樹木。表面は製材所で加工されたみたいに、きれいに皮が剥(は)がれている。山から流される途中に土石流との摩擦によって剥がれたのだ。

九州北部豪雨に見舞われた福岡県朝倉市。無情な豪雨は、水車群で有名な田園風景を飲み込んだ。

今回の豪雨災害は、「線状降水帯」の発生が要因の一つとされる。梅雨前線の南側に流れ込む非常に湿った空気が、福岡、佐賀両県にまたがる脊振(せふり)山系で分流し、それが朝倉市上空で合流した。市の東側は山地で、この山が湿った空気の行く手を阻んだために強い上昇流が発生。そのために活発な積乱雲が次々に発生したと考えられる。

結果、24時間雨量が516ミリという記録的豪雨となった。

豪雨をもたらす上空の湿った気流の正確な把握はいまだ難しい。災害をゼロにすることはできないが、減災は可能だ。「災害の少ない地域に」と、七夕の短冊に願いを込めた方も多いはずだ。

2017年7月13日

福岡県朝倉市

〈大雨〉
最高 27.7℃
最低 23.3℃

長寿台風の示唆

2017年8月11日

鹿児島市

〈曇り一時雨〉
最高 33.8℃・最低 26.9℃

存続19日間という観測史上2番目の「長寿台風」だった台風5号。

長寿のみならず、私は雨雲のでき方に危機感を感じた。一般的に台風の活発な雨雲は、中心から見て東側に発生しやすい。しかし、この台風は西側にも発達した雲を蓄えていた。

分析すると、台風の西側に当たる東シナ海の海水温が非常に高く、西から高温多湿の空気が流れ込んでいたことが分かった。温暖化で東シナ海の海水温が高くなっていたのだ。これまでの常識が通じず、厄介な時代に入ったことを示唆していた。

そんな中、元気象キャスターで、鹿児島地方気象台の台長も務められた倉嶋厚さんの訃報を知った。倉嶋さんは著書で、「フォアキャスト（予測する）の語源は、フォア（前方）＋キャスト（目を注ぐ）。フォアキャスターは「前を見る人」なのだ」と語っている。「目先の予報だけではなく、来たるべき環境変化を見据えながら予報に臨め」。倉嶋さんの渾身（こんしん）の遺志を継ぎたい。

知られざる雲の浮力

2015年6月22日

鹿児島市

〈雨〉
最高 22.8℃・最低 19.8℃

子どもの頃、孫悟空のきんと雲に憧れた。雲に浮かぶことができたらどんなに楽しいかと。ただ気象に関わる仕事をしていると、そんな憧れも満更（まんざら）ではないようだ。

先日群馬県で突風と雹（ひょう）による被害が出た。雹は積乱雲の中で発生する強い上昇流によって氷の粒が下降と上昇を繰り返すことで成長する。雹を成長させる上昇流は秒速40メートル以上だ。上向きに40メートルの風…。人も簡単に浮いてしまうような浮力だ。

こんな雲が掛かると、時間雨量100ミリ前後の豪雨になることもあり、災害に結びつく。100ミリと言えば、1坪（約2畳）の広さにドラム缶1本半ぐらいの雨に相当する。

その大量の水が雲として広い範囲に浮かんでいると考えれば、雲には想像を超える浮力が働いていることが分かる。

今年は県本土の多くの地域で平年の2倍のペースで大雨となっており、梅雨じゃなく〝倍雨〟状態だ。いつもの倍の危機感を持って臨みたい。

適中83%か、外れ17%か

2014年6月30日

鹿児島市

〈曇り一時雨〉
最高 27.6℃・最低 21.3℃

天気予報は1884（明治17）年に始まった。当時の天気予報は「当たらないもの」として引き合いに出されるほどだった。

天気予報の精度は1950年ごろには70％台に、2000年には80％台へと向上した。現在は83％だ。精度向上の背景には、気象衛星やアメダス、スーパーコンピューターなどが整備され、数値予報技術が飛躍的に進展したことが挙げられる。しかし50年間でわずか10％の向上。それだけ大気の変化を予測することは難しい。

では、なぜ天気予報は外れるのか。理由の一つは観測データの不足。ご承知の通り大気は連続的な「面」で広がっているが、観測は、一定の間隔をおいた観測「点」で行われている。つまり離散的なサンプル値で現象を計算しているのだ。

意地悪かもしれないが、私は「天気予報は83％当たるのではなく、17％も外れるもの」と思っている。それが予報の限界だからだ。6回に1回は外れるマージンを考慮し、天気予報を利用しよう。

各国の台風予測

視聴者から時々、「米軍の台風進路予想が（気象庁に比べ）よく当たるのでは？」という質問がある。個人的には米軍の予想が特段優れていると思ったことはない。実際、米軍の予想が大きく外れたこともあった。

私は米軍の他、韓国や欧州の気象機関の情報を「セカンドオピニオン」として参考にする。ただ予報士が、気象庁の進路予想図に加えて、参考情報として米軍の進路図を画面に示すことは、実はご法度だ。

気象庁の規定には、「台風情報は、気象庁の情報の解説の範囲内に留めること」と定められている。つまり台風情報は気象庁の〝専売特許〟。国民の防災行動に混乱を与えないためだ。

各国の台風情報を参考にして個人レベルで進路予想をするのも、ネット時代の一つの在り方だろう。その際は、台風の予想精度と各機関で計算方法が異なることを認識し、得られた情報を「総合的に」判断することが必要だ。ただ、これが結構難しいのだけど。

2014年9月13日

鹿児島市

〈晴れのち曇り〉
最高 28.0℃・最低 20.8℃

1億ボルトの恐怖

2015年8月30日

鹿児島市

〈雨〉
最高 26.3℃・最低 22.6℃

「♪君の瞳は1万ボルト…」は、堀内孝雄の歌の一節だが、雷の電圧は1億ボルト以上と言われている。

落雷を防ぐために唱えるおまじないが「くわばら、くわばら」。桑畑には雷が落ちにくいという迷信からきている。ただ雷は海でも平野部でも所構わず落ちてくる。身を守るためには、まず安全な建物に避難することが肝要だ。

鉄筋の建物や自動車の中は比較的安全とされる。木造家屋の中は、電気器具や壁から1メートルは離れた方がよい。高い樹木のすぐ近くも危険なので、最低でも2メートル以上の距離を。周囲に何もない屋外では姿勢を低くし、傘などは高く突き出さないようにする。

私の友人で気象現象の撮影が趣味の松浦勝一さんは、雷を撮影するときだけは特別な緊張感を覚えるという。想像を超えるエネルギーが一瞬で人々を襲うからだ。

雷シーズンはまだ続く。「ゴロゴロ」と雷鳴が聞こえたら要注意だ。

平成最悪 西日本豪雨の教訓

2018年7月6日

岡山県倉敷市真備町

〈大雨〉
最高 24.1℃
最低 21.2℃

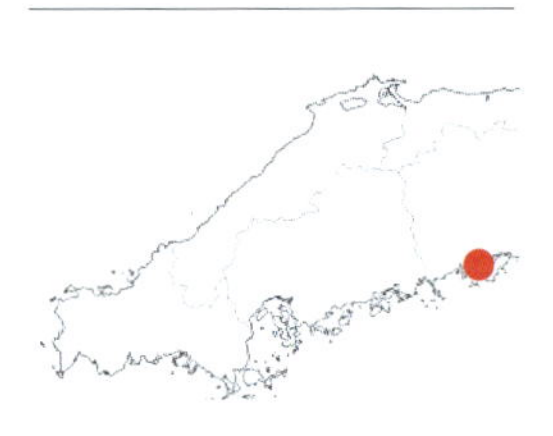

この本の執筆中、平成では最悪の梅雨災害が発生した。２００人以上の命が奪われた、西日本豪雨（平成30年7月豪雨）。ここ半世紀で梅雨前線による人的被害としては、昭和57年の長崎大水害に次ぐ。鹿児島でも桜島の古里町で、老夫婦２人が土砂崩れで亡くなった。

防災は国の柱として、行政も最優先で取り組んできた。今回の被害は、改めて自然災害の猛威が人知を容易に超越することを露呈した。

豪雨の要因は様々な見解があるが、一つは非常に湿った空気が勢いよく、それも長時間にわたり梅雨前線に流れ込んだことだ。

豪雨の３日ほど前に、台風７号が東シナ海から日本海へ北上した。その際、非常に湿った空気を東シナ海に置き去りにした。その大量の湿った空気を、勢力を強めた太平洋高気圧の縁辺の風が、梅雨前線に向かって勢いよく流し込んだ。そのため前線活動が長時間にわたって活発化し、発達した線状降水帯をいくつも形成して、豪雨をもたらしたと考えられる。

甚大な浸水被害が出た岡山県倉敷市真備（まび）町で、被災現場を取材したＭＢＣの前田政樹カメラマ

岡山県倉敷市真備町の被災地（前田政樹カメラマン撮影）

ンによると、「辺りは折れ曲がった電柱に、えぐられた家屋。撮影しながら豪雨の猛威に震えを感じた」という。インタビューでは、「うちの町に限って、こんな悲惨な状態になるとは」「いつかはあると思っていたけど、まさか」という声が相次いだ。

今回の浸水エリアは、ハザードマップとほぼ一致しており、ハザードマップの有効性も改めて指摘された。ハザードマップや避難情報を他人事ではなく、住民がもっと主体的に受けとめて早期避難していたらと、悔やまれてならない。

我々の祖先は、様々な自然の環境変化に賢く順応してきた。文明社会に慣れきった現代人は、自身がもたらした温暖化と、それによって牙をむく豪雨災害への対応力を試されているのかもしれない。

古代ローマの政治家で哲学者のセネカは、「最善を願いながら、最悪の事態に備えよ」と説いた。地域防災は、もう他人任せでは済まされない。

Column④

雨の激闘、田原坂の合戦

「雨は降る降る人馬は濡れる 越すに越されぬ田原坂」

この詩は有名な民謡「田原坂」の歌い出しだ。1877（明治10）年の西南戦争は国内最後の内乱で、西郷隆盛率いる薩摩軍と官軍（政府軍）が激闘を展開した。

特に熊本県の田原坂で繰り広げられた「田原坂の合戦」は最大の激戦で、連日32万発の弾丸が飛び交ったという。

田原坂の合戦は3月の菜種梅雨で、強い寒の戻りがあった。17日間の戦いのうち7日は、みぞれ混じりの雨が降った。そのことが歌の一節からもうかがえる。

雨は戦況を左右した。当時の官軍が使用していたのは、「スナイドル銃」という新鋭型。手元に銃弾を込めるタイプで雨に強く、弾込めも素早くできるため、短い時間に多くの弾を撃つことができた。

現在の田原坂付近（熊本市北区植木町　瀬戸山雄揮さん撮影）

西郷隆盛銅像（鹿児島市城山町）

一方、薩摩軍が使用していたのは「エンフィールド銃」という旧式の銃で、先端の銃口に銃弾を込めるタイプ。銃の先端は雨によって湿りやすいうえに、撃つたびに銃口を手元に戻し弾を込めるため、次の弾を撃つのに時間がかかった。

このように武器の性能差は歴然としていた。士気が高い薩摩軍の兵士は、雨で湿って使い物にならなくなった銃を投げ捨て、刀を振りかざして官軍に立ち向かっていったのだろう。

また合戦を描いた錦絵をよく見ると、薩摩軍の兵士は、和装の袴姿が多く見受けられる。雨に濡れた袴ではさぞ戦いづらかっただろう。食料など物資の供給も乏しく、薩摩軍は凍え上がるような厳しい寒さと雨に加え、空腹との戦いも余儀なくされたという。

もし天気が雨でなかったら、戦況も変わり西南戦争の結果に何かしらの影響を与えていたのではなかろうか。桜島を見つめる西郷隆盛を見ながら思いを巡らせた。

参考文献

秋元律郎「都市と災害」『現代のエスプリNo.181』至文堂
片田敏孝『人が死なない防災』集英社新書　２０１２年
『気象ハンドブック第3版』朝倉書店　２００５年
木村伸吾「海流による生物輸送モデル」『月刊海洋号外29』海洋出版　２００２年
倉嶋厚『お天気歳時記　空の見方と面白さ』チクマ秀版社　１９９７年
寺田寅彦『天災と国防』講談社学術文庫　２０１１年
新田次郎『芙蓉の人』文藝春秋　２０１４年
星野富弘「蓮の花のうた」『四季抄　風の旅』立風書房　１９８２年
牧野幸志・井原諒子「恋愛関係における別れに関する研究（1）」―別れの主導権と別れの季節の探求―『高松大学紀要41』　２００４年
松嶋憲昭『桶狭間は晴れ、のち豪雨でしょう』メディアファクトリー新書　２０１１年
丸岡知浩・伊藤久徳「わが国のサクラ（ソメイヨシノ）の開花に対する地球温暖化の影響」『農業気象65』　２００９年
柳田邦男『空白の天気図』新潮社　１９８１年
（株）ウェザーニューズ「雨男・雨女を解き明かせ！『全国雨男・雨女調査』結果発表」
http://weathernews.com/ja/nc/press/2010/100629.html

画像提供（敬称略）

加川徹（P27）
寺本薫子（P33）
日本気象協会 tenki.jp（P35・121）
国立情報学研究所「デジタル台風」
http://agora.ex.nii.ac.jp/digital-typhoon/（P41）
山下浩一郎（P57）
出水市役所（P65）
柴藤ひろ子（P71）
MBC南日本放送（P77・122）
北山毅（P79）
気象庁（P120）
鹿児島地方気象台（P129）
毎日新聞社（P133）
JAXA宇宙航空研究開発機構（P135）
田中良洋 http://rito-life.com/（P152）
麓卑弥呼（P153）
松浦勝一（P154）
前田政樹（P177）
瀬戸山雄揮（P178）

おわりに

「こんなことは生まれて初めて」

災害発生後のインタビューで、被災者がよく口にする言葉だ。人の寿命は100年弱。一方、自然の営みのサイクルは数百年、数千年、いや数万年かもしれない。私たちはさまざまな事象を人間の物差しで測りたがる。自然の営みにとって、私たちが築き上げた人知はもろいもので、長く思える人の一生もほんの一瞬だ。

そんな自然の中で私たちは生きているのだから、自然の営みを十分心得ずに過ごすことなんてできない。決して自然をあなどらず、謙虚に自然災害に向き合うこと。それがひいては自分たちの命を守ることになる。

実は生活に身近なお天気の本だけに、もっと面白く楽しく、緩いタッチで書こうとも考えた。しかし、災害現場に何度も足を運んで災害の猛威を目の当たりにし、辛い経験をした被災者に接していると、どうしてもそのような雰囲気で書くことはできなかった。私の力量不足かもしれないが、そこはお許しいただきたい。

地球温暖化の影響はますます著しくなり、私たちも予報業務に携わりながら、豪雨災害の発生頻度と脅威に言葉を失うことがある。都市化や情報化社会など、高度に文明化された私たちの暮らしは、災害に対しては弱点だらけ。鹿児島など災害の多い地域は、災害は忘れたころにではなく、「忘れぬうちに」やってくる。事後の百策より事前の一策を。「今度も避難したけど何もなかったね」と、お互い笑って言い合える地域であってほしい。

本書で書かせていただいたコラムのメッセージが皆さんの心に若干でも響き、自然災害による被害を少しでも抑止できればと願う。そして災害と共存しながらも、自然豊かな鹿児島で暮らす幸せを実感していただければ、本書の役割は果たせたのではないかと思う。

このコラムは、毎日新聞鹿児島版に「亀ちゃんのお天気百話」として2013年から連載しているものを再編集したものである。本書の出版には多くの方々の温かい支えをいただいた。

まず、毎日新聞社の山崎太郎記者。社会人大学院生として学位を取得し、若干やり切った感があった私に、「この研究成果と、気象予報士として独自の防災の視点を地域に還元することが、あなたの果たすべき役割だ」と、コラム連載を勧めてくれた。この方なしに新聞連載も本書も存在しないわけで、心底から感謝したい。また同新聞社鹿児島支局の西貴晴支局長にも出版に際し背中を押していただいた。

そして、株式会社梓書院の森下駿亮氏には、書籍化の相談をした当初から親身になって尽力いただき、福岡から鹿児島に何度も足を運んでいただいて出版をかなえていただいた。

また株式会社ウェザーマップ会長で、分かりやすいお天気キャスターの先駆けである森田正光さんにも、出版に向けて後押しと激励をいただき、お礼を申し上げたい。

最後にＭＢＣ南日本放送の同僚、画像を提供していただいた皆様、そして両親と家族に心より感謝したい。

２０１８年７月　50歳を迎えた節目の日に

気象予報士　亀田晃一

かごんま　お天気百話

2018年11月30日　初版発行
2019年1月18日　第2版発行
著　者　亀田　晃一
発行者　田村　志朗
発行所　㈱梓書院
〒812-0044 福岡市博多区千代3-2-1
tel 092-643-7075　fax 092-643-7095
印刷・製本／シナノ印刷
ISBN978-4-87035-637-5